U0352854

钢的过冷奥氏体
转变曲线图集

王春芳　路　岩　李继康　杨胜蓉　著

扫码获得数字资源

北　京

冶 金 工 业 出 版 社

2023

内 容 提 要

本书共分 6 章，主要内容包括：测定方法及原理、常用实验设备、膨胀法在钢铁材料相变研究中的应用和膨胀法测 CCT 曲线的步骤、不同钢种的奥氏体转变曲线等。

本书可供从事材料等相关专业的工程技术人员和研究人员使用，也可供大专院校相关专业的师生参考。

图书在版编目 (CIP) 数据

钢的过冷奥氏体转变曲线图集／王春芳等著 . —北京：冶金工业出版社，2023. 7

ISBN 978-7-5024-9506-0

Ⅰ . ①钢…　 Ⅱ . ①王…　 Ⅲ . ①奥氏体钢—冷却曲线—图集　 Ⅳ . ① TG142. 25-64

中国国家版本馆 CIP 数据核字（2023）第 081814 号

钢的过冷奥氏体转变曲线图集

出版发行	冶金工业出版社	**电　话**	（010）64027926
地　址	北京市东城区嵩祝院北巷 39 号	**邮　编**	100009
网　址	www. mip1953. com	**电子信箱**	service@ mip1953. com

责任编辑　郭冬艳　美术编辑　吕欣童　版式设计　郑小利
责任校对　梁江凤　责任印制　窦　唯
北京捷迅佳彩印刷有限公司印刷
2023 年 7 月第 1 版，2023 年 7 月第 1 次印刷
710mm×1000mm　1/16；14. 25 印张；277 千字；216 页
定价：99. 00 元

投稿电话　（010）64027932　投稿信箱　tougao@cnmip. com. cn
营销中心电话　（010）64044283
冶金工业出版社天猫旗舰店　yjgycbs. tmall. com
（本书如有印装质量问题，本社营销中心负责退换）

前　言

从钢的过冷奥氏体连续冷却转变曲线 CCT（Continuous Cooling Transformation Diagram）和等温转变曲线 TTT（Time Temperature Transformation Diagram），读者可以了解钢奥氏体化后冷却过程中的组织变化规律，指导制定钢的热处理工艺、分析热处理后的组织与性能，以及为合理地选择钢材提供依据；其在新钢种的研制和新工艺的研究中具有重要的指导意义和参考价值。

钢铁研究总院有限公司是从事钢铁材料研究、开发、推广、应用的综合性科研机构，具有各种大型、精密的研究设备和从事多个专业领域研究的专门人才。

近二十年来，作者一直从事钢的热膨胀相变的分析测试工作，本书是以多年来所测绘的过冷奥氏体转变曲线经过筛选、整理、归纳而成的图集。全书共分6章：第1~5章分别简要介绍固态相变的测定方法及原理、常用实验设备、CCT 曲线的影响因素、膨胀法在钢铁材料相变研究中的应用和膨胀法测 CCT 曲线的步骤；第6章按钢种分类排列钢的奥氏体转变曲线，共收录了近百条 CCT 曲线和 TTT 曲线，按合金结构钢、合金工具钢、轴承钢、耐热钢与压力容器用钢、低合金钢、弹簧钢、不锈钢、耐磨钢等分类排列。每条曲线附有对应的金相照片。

本书由王春芳、路岩、李继康、杨胜蓉编撰，在编写过程中承蒙王毛球同志详细审阅，对书中图集提出了建设性意见，对此表示衷心的感谢。借此机会，作者向书中图集整理过程中提供过帮助的惠卫军、马党参、刘清友、杨钢、孙新军以及后期加入这项工作参与曲线绘制的魏素琴同志等致以诚挚的感谢。作者在编写过程中参阅和引用了有关图书，已列在参考文献中。在此谨向有关作者致以谢意。

　　由于作者水平和知识范围所限，书中不妥之处，恳请广大读者批评指正。

作　者

2023 年 1 月

书中符号说明

A 奥氏体。

F 铁素体。

P 珠光体。

B 贝氏体。

M 马氏体。

C 碳化物或渗碳体。

Ac_1 亚共析钢加热时，珠光体转变为奥氏体的温度，℃。

Ac_{1s} 共析钢、过共析钢加热时，珠光体向奥氏体转变的开始温度，℃。

Ac_{1f} 共析钢、过共析钢加热时，珠光体向奥氏体转变的结束温度，℃。

Ac_3 亚共析钢加热时，所有铁素体均转变为奥氏体的温度，℃。

Ac_{cm} 过共析钢加热时，所有渗碳体和碳化物完全溶入奥氏体的温度，℃。

A_s 钢加热时，马氏体逆转变为奥氏体的开始温度，℃。

A_f 钢加热时，马氏体逆转变为奥氏体的结束温度，℃。

Ar_3 亚共析钢经奥氏体化后冷却时，奥氏体向铁素体转变的开始温度，℃。

Ar_{cm} 过共析钢经奥氏体化后冷却时，渗碳体或碳化物析出的开始温度，℃。

Ar_1 亚共析钢经奥氏体化后冷却时，奥氏体向珠光体转变的结束温度，℃。

Ar_{1s} 共析钢、过共析钢经奥氏体化后冷却时，奥氏体向珠光体转变的开始温度，℃。

Ar_{1f} 共析钢、过共析钢经奥氏体化后冷却时，奥氏体向珠光体转变的结束温度，℃。

B_s 钢经奥氏体化后冷却时，奥氏体向贝氏体转变的开始温度，℃。

B_f 钢经奥氏体化后冷却时，奥氏体向贝氏体转变的结束温度，℃。

M_s 钢经奥氏体化后冷却时，奥氏体向马氏体转变的开始温度，℃。

M_f 钢经奥氏体化后冷却时，奥氏体向马氏体转变的结束温度，℃。

目　　录

1 测定方法及原理

钢的过冷奥氏体连续冷却转变曲线简称 CCT 曲线（Continuous Cooling Transformation Diagram），是分析连续冷却过程中奥氏体的转变过程以及转变产物的组织和性能的依据。连续冷却时，过冷奥氏体是在一个温度范围内进行转变的，几种转变往往重叠，得到的是不均匀的混合组织。在加热期间，从铁素体、珠光体、贝氏体、马氏体或这几种的复合组织向奥氏体的晶体结构变化。在冷却过程中，从奥氏体向铁素体、珠光体、贝氏体、马氏体或这几种的复合组织的转变。

钢铁材料 CCT 曲线的研究分析方法有热膨胀法、热分析法、金相法等。下面分别介绍各种方法和测量原理。

1.1 测 定 方 法

1.1.1 热膨胀法

钢是一种具有多型性相变的金属。其高温组织（奥氏体）及其转变产物（铁素体、珠光体、贝氏体和马氏体）具有不同比容。所以，当钢试样在加热和冷却时，由于相变引起的体积效应叠加在膨胀曲线上，破坏了膨胀量与温度间的线性关系。从而可以根据热膨胀曲线上所显示出热膨胀的变化点来确定相变温度，即钢的固态相变临界点，简称钢的临界点。

根据实验设备的不同，分为测量试样长度方向应变和直径方向应变两种测量方式。

设 e_L 表示随温度或时间的变化，试样长度方向上产生的单位长度的变化，那么得到公式：

$$e_L = \Delta l / l_0 = (l_1 - l_0) / l_0$$

式中，l_0 为环境温度下的试样长度；l_1 为指定温度下的试样长度；Δl 为试样长度的变化。

随温度或时间的变化，试样直径方向上产生的单位长度的变化，用 e_D 表示。

$$e_D = \Delta d / d_0 = (d_1 - d_0) / d_0$$

式中，d_0 为环境温度下的试样直径；d_1 为指定温度下的试样直径；Δd 为试样直径的变化。

钢的基本相的比容关系是：马氏体>贝氏体>铁素体>珠光体>奥氏体>碳化

物。在钢铁试样加热和冷却时，除了热胀冷缩引起的体积变化之外，还有因相变引起的体积变化，因此在正常膨胀曲线上会出现转折点。根据转折点可得出相变时的温度和所需时间。所以在钢的组织中，凡发生铁素体溶解、碳化物析出、珠光体转变为奥氏体的过程将伴随体积的收缩；凡发生铁素体析出、奥氏体分解为珠光体或马氏体的过程将伴随着体积的膨胀。因此，钢的热膨胀曲线随不同钢种变化很大。

从膨胀曲线上确定相变临界点的方法有两种：顶点法和切线法，见图 1-1。顶点法是取膨胀曲线上拐折最明显的顶点作为相变温度点。这种方法的优点在于拐点明显，容易确定。但是这种方法确定的临界点并不是真正的临界点，它确定的转变开始温度比真实的高，而转变结束温度又比真实的低。切线法是取膨胀曲线直线部分的延长线与曲线部分的分离点作为临界点。这种方法的优点在于它接近真实的转变开始和结束温度。缺点是分离点的确定带有一定的随意性，人为误差较大。因此遇到用切线法测量有歧义的时候需多测几个试样。由于切线法比较符合真实的相变过程，现在一般都用切线法来确定相变温度。

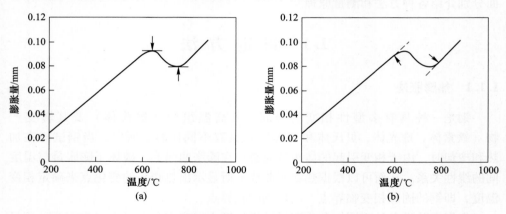

图 1-1　相变临界点测量方法示意图
(a) 顶点法；(b) 切线法

图 1-2 为加热过程的膨胀曲线，取膨胀曲线上偏离开正常纯热膨胀的开始位置为 Ac_1，取再次恢复纯热膨胀的终了位置为 Ac_3。在 Ac_1 点以下时，试样只是由于热膨胀而伸长。在 Ac_1 点发生相变生成新相奥氏体，体积缩小，与加热造成的膨胀叠加，随相变量增大试样逐渐收缩。直到相变结束温度 Ac_3，试样因相变结束继续伸长。冷却过程的膨胀曲线也同样用切线法来确定相变温度，见图 1-3。

1.1.2　热分析法

物质在升温和降温的过程中，如果发生了物理或化学的变化，有热量的释放和吸收，就会改变原来的升、降温进程，从而在温度记录曲线上有异常反应，称

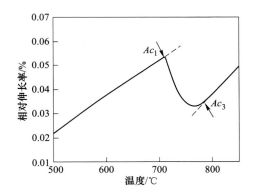

图1-2 低合金钢临界点的热膨胀曲线（加热速率0.05℃/s）

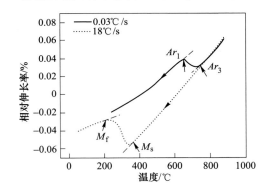

图1-3 低合金钢不同冷速的热膨胀曲线

为热效应。钢也不例外，当它发生融化或凝固时，或者发生固态相变时，都会有热效应发生。热分析法就是利用钢相变时的热效应来研究它的相变过程[1]。

热分析法测相变的原理为相变热力学，由于连续冷却过程中，需要有过冷度或者过热度才能发生相变。因此，在其平衡温度上下的相变点内，两相之间将有自由能差，在发生相变时，其外观表现为冷却曲线将在此温度发生转变。其热力学自由能与相变之间的关系见图1-4。在冷却过程中，在T_1温度，γ相将转变为α，而此温度下γ相的自由能G_γ大于α相的自由能G_α，因此，此自由能之差$\Delta G_{\gamma-\alpha}$将会以热量的形式释放出来，也即表现在温度上，在同样冷却条件下，此时的温度将稍微上升，也即冷却曲线上的温度在此处出现拐点。而且随着冷却的增大，过冷度也要增大，也即相变潜热将更大。因此，热分析法的拐点将更加明显。

记录时间-温度曲线常用的热分析方法。试验的热分析曲线，可提供试样在加热或冷却过程中转变的临界温度、转变速度、转变潜热等信息，用以研究钢中的各种变化。图1-5[2]是用差热分析测得共析钢的热分析曲线。试样在加热过程中，珠光体向奥氏体转变要吸热，曲线上吸热峰的拐点a对应的温度为Ac_1点。

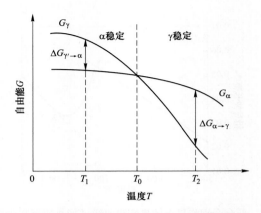

图 1-4　各相自由能与温度之间的关系

试样在冷却过程中，奥氏体分解为珠光体要放热，曲线上的放热峰的拐点 a' 对应的温度为 Ar_1 点。

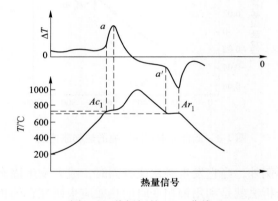

图 1-5　共析钢的 DTA 曲线

1.1.3　金相法

金相法测定 CCT 曲线的工作原理是将一组试样加热至奥氏体区，保温一段时间获得均匀的奥氏体组织后，按同一冷却速度冷却，然后分别在不同的温度取一个试样急冷。观察金相组织，未转变的奥氏体会转变成马氏体，根据室温组织马氏体含量的不同来确定这一冷速下转变产物的开始和结束的温度范围。再根据不同冷速的相变类型和温度范围绘制出 CCT 曲线。此方法适用于淬透性较好的钢种。

金相法可用来测定钢的等温转变曲线。将一组试样加热至奥氏体区，保温一段时间，获得均匀的奥氏体组织后，迅速置于恒温盐浴（或其他热容器中）冷却并分别等温保持不同的时间，然后迅速取出试样淬入水中，使未转变的奥氏体转变成马氏体。再观察金相确定在给定温度下保持一定时间后转变产物的类型和转变百分数，并将结果绘制成曲线。

金相法测定 M_s 点的基本原理是首先根据经验公式估算出试验钢的 M_s 点的近似值。测定时，将奥氏体化后的试样迅速投入预先估计的 M_s 温度的等温炉中，等温 2~3min 后，再将试样移到比第一个等温炉高 20℃ 的保温炉中保持一定时间，最后淬入盐水中。多次调整等温炉的温度，使事先经处理后得到的几乎全部是淬火马氏体和很少的回火马氏体，这时第一个等温炉的温度就近似代表钢的 M_s 点。

1.1.4 高温金相原位观察法

高温金相原位观察法是通过原位观察微观组织变化确定相变点。高温激光共聚焦显微镜可以进行高温原位实时观察与记录，对于材料在高温加热、等温及冷却过程中进行组织结构变化的实时、原位观察，从而获得相变起始温度、时间、微观组织形貌、相变体积分数、第二相溶解与析出温度、材料融化温度等信息。图 1-6 是连续冷却过程中马氏体相变形核与长大。

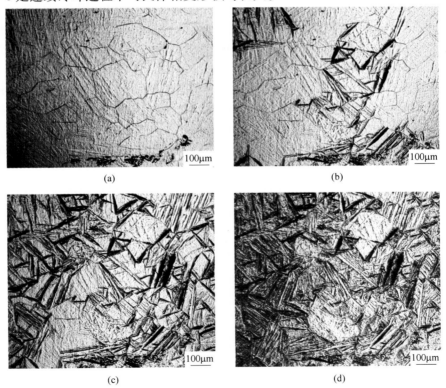

图 1-6　连续冷却过程中马氏体相变形核与长大
（a）372℃；（b）362℃；（c）354℃；（d）297℃

1.2 测定方法比较

热膨胀法是根据材料的各相比容不同测得热膨胀曲线，依据所显示出热膨胀的变化点来确定相变温度，测量准确，试验操作与分析简单易行。热膨胀法，是利用有温控技术和能够快速测量并有数据存储和输出能力的设备，来测量金属材料热循环过程中线性应变与时间和温度的关系。与其他分析方法相比，它具有以下几个优点：（1）可以实时监控相变过程；（2）相变温度的测定比较符合真实的相变；（3）较宽的温度控制范围；（4）实验操作简便易行。

热分析法主要是利用材料的加热和冷却过程中释放相变潜热来进行检测，因此热分析法比较适用于相变潜热大的过程，如钢的融化和凝固；而不大适用于潜热小的过程，如大部分扩散型的相变。热分析仪的温度控制范围稍窄，一些快速加热和快速冷却的实验不能够完成。

金相法只能表征相变完成后的室温组织状态，对于组织变化过程的观察多采用热循环过程中在关键点进行淬火的办法冻结高温组织，再利用金相显微镜进行观察，该操作过程较为烦琐，需要试样多，比较耗时，工作量大，所以金相法不作为常用相变测量方法，而往往作为其他方法的一种补充测试手段。例如测定钢的珠光体转变开始线。

高温激光共聚焦显微镜可以原位观察材料高温组织演化过程，现在相变研究中也逐渐应用，不仅能够判定发生相变的温度，而且能够观察到相变的形核位置、相变量及所用时间。局限就是对于试验操作人员来说需要实时操纵聚焦，肉眼观察确定相变，会有一定的难度和误差。该设备与热膨胀、热分析设备相辅助可以更好地定性、定量描述相变。

综上所述，各种相变分析测试方法各有专长，测试时可以根据自己的试验需求选择试验方法和设备。

2 常用实验设备

对于测量 CCT 曲线和 TTT 曲线，热膨胀法仍是常用的和简便易行的方法。利用热膨胀法测量相变的设备具备下列功能：钢铁样品在真空或者其他受控的气氛中，可以设计热循环的程序，用惰性气体或是冷却液体来快速冷却，可以连续测量样品尺寸和温度，可以用数字数据存储和输出。

根据样品加热方法把热膨胀相变设备分为感应加热法相变测量设备和电阻加热法相变测量设备两大类。

感应加热膨胀仪如图 2-1 所示，试样垂直或者水平放置，周围是感应加热线圈，试样被感应加热。通过调节加热电流和惰性气体流量达到冷却目的。通过一个沿试样长度方向的机械装置来测量尺寸变化，通过焊接在试样表面长度方向中心或者试样内部的热电偶来测量温度。对于该设备，可以使用 R 或者 S 型热电偶。

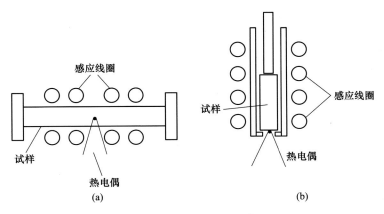

图 2-1　感应加热试验示意图

（a）水平放置图；（b）垂直放置图

电阻加热膨胀仪可以使被测试样夹持在两个抓爪之间（见图 2-2），通过直接的电阻加热。通过控制电流的减少和通入惰性气体或是内部液体淬火来达到冷却目的。通过测量试样径向的直径变化得到尺寸变化，用焊接在试样表面中间的热电偶测量温度。用机械式或者非接触式的（激光）测量设备测量尺寸变化。温度测量应该使用 K、R、S 型热电偶。

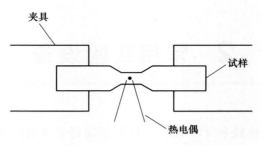

图 2-2 电阻加热试验示意图

对于钢铁材料相变研究来说，膨胀相变设备测试系统一般采用 LVDT（Linear Variable Differential Transformer）传感器，分辨率为 10nm。也出现了精度更高的激光测量系统，分辨率可达 0.03nm，可以测量超低膨胀材料。试样尺寸及形状根据设备要求而定，一般是圆柱形样品，见图 2-3 和图 2-4，主要分为实体和空心两大类。

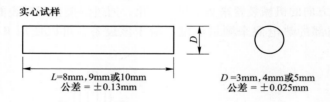

图 2-3 感应加热设备试样示意图

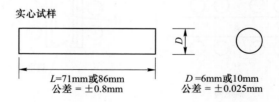

图 2-4 电阻加热设备试样示意图

图 2-5 为感应加热测量设备结构示意图，主要分为 5 大部分：（1）温度控制系统；（2）冷却控制系统；（3）膨胀测量系统；（4）真空系统；（5）计算机系统。加热方式为感应加热，膨胀测量系统采用 LVDT，即线性可变差动变压器，设备的加热系统和冷却系统有比较宽的温度控制范围，最大线性升温速率为 150~200℃/s，最大降温速率为 300℃/s。冷却方式为高压气体喷射冷却，可以利用液氮冷却气体来使试样冷到室温至约 -150℃。

电阻加热设备结构与感应加热设备结构类似，都由温度控制系统、膨胀测量系统、数据采集系统、真空系统和冷却控制系统组成。

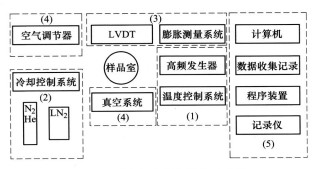

图 2-5　感应加热设备结构示意图

　　感应加热设备加热原理是高频振荡器发出的高频信号，通过加热线圈产生的高频磁场，高频磁场使试样产生感应涡流电流，涡流电流使试样发热。感应加热的优点是均温区较宽，对于热处理试验和扭转模拟更为适合。感应加热的缺点是由于集肤效应（感应涡流值从试样表层到心部呈指数降低）使得试样径向温度分布（表面及心部温度）不均匀，因此通过小样品来保证样品的内部和表面温度一致。

　　电阻加热设备如 Gleeble 加热试样使用的是普通工频电，频率低，集肤效应很小，可以认为电流在试样横截面上均匀通过。电阻加热的调节范围宽，因此应用范围比高频感应加热装置更广泛。特别是各种焊接方法和不同线能量情况下的焊接模拟。在热模拟过程中，Gleeble 通过控制试样中的电流大小来控制试样加热的加热速度，采用具有良好导热性能的夹具和冷却系统控制试样的冷却速度。实际上热模拟试验中控制的温度为试样中截面热电偶焊点处的温度，试样中的温度是存在温度梯度的。热电偶附近的均温区是测试分析中的关键区域，均温区的大小及影响因素对热模拟实验操作和数据分析是非常重要的。影响均温区的主要因素是加热速度、冷却速度和自由跨距。

3 钢的过冷奥氏体转变曲线的影响因素

钢的过冷奥氏体转变曲线的影响因素比较多，主要有合金元素、偏析、应力及变形、奥氏体化温度及保温时间、取样位置和原始组织等因素的影响。

3.1 合 金 元 素

钢中的合金元素主要有 C、Si、Mn、Cr、Ni、Mo、W、V、Ti、Al、Co、Cu、B 等。这些合金元素的综合作用使得奥氏体的形成过程和过冷奥氏体的分解极为复杂，而且是多方面的。

在奥氏体形成过程中合金元素的作用主要有：

（1）扩大或缩小奥氏体相区，例如 Ni、Mn 等元素在铁和其他元素的二元平衡相图中使奥氏体相区扩大，Si、Cr、W、Mo 等元素则使奥氏体相区缩小；

（2）合金元素一般将改变珠光体向奥氏体转变的临界点，并且把它变成一个温度范围；

（3）合金元素将影响碳在奥氏体中的扩散系数，亦即影响碳在奥氏体中的扩散速度；

（4）碳化物形成元素由于是在钢中形成的特殊碳化物，在一般加热温度下较难溶解，因而会使碳化物分解溶于奥氏体的时间延长；

（5）合金元素通过对原始组织的影响（如影响碳化物的形状和晶粒度等），来间接影响奥氏体的形成速度。

钢的合金元素除 Co 以外，大多数合金元素均起减缓奥氏体等温分解的作用。强碳化物形成元素，如 Ti、V、Cr、Mo、W 等，如果含量较多，将会推迟奥氏体到珠光体的转变，但推迟奥氏体到贝氏体转变的作用并不显著。

钢中大部分合金元素对钢的连续冷却转变中起到延缓珠光体转变的作用，而 Co 和 Al 具有增加珠光体的成核速度和长大速度的作用，因而加速珠光体转变。合金元素可以改变钢的共析转变温度和共析点的位置，如 Ti、Mo、Si、W 等使共析温度升高，而 Ni、Mn 使共析温度降低。钢中 Co 和 Al 可加速贝氏体转变，其他合金元素如 Mn、Cr、Ni 等都会延缓贝氏体的转变。至于复合元素的影响比较复杂，尚待进一步研究。

一般钢中常见的合金元素，C 元素是降低 M_s 点最显著的元素。其他如 Mn、

V、Cr、Ni、Cu、Mo 等均有使 M_s 点降低的作用，而 Co 和 Al 则被认为具有提高 M_s 点的作用。如果是几种合金元素的综合影响则比较复杂。一般认为凡降低 M_s 点同样也降低 M_f 点。

3.2　其他因素的影响

（1）偏析。钢中有偏析存在时，偏析部分与非偏析部分的过冷奥氏体转变曲线的形状是不同的[3]。因此要选择组织均匀的样品，或者对样品进行均质处理。

（2）应力及形变。对过冷奥氏体施加外应力和变形，可能会改变贝氏体和马氏体的转变温度和转变速度。

（3）奥氏体化温度和保温时间。奥氏体化温度越高，保温时间越长，则可保证合金元素的固溶及奥氏体均匀化，并促使奥氏体晶粒的长大，造成过冷奥氏体转变的形核位置和形核概率随之减少，珠光体转变的孕育期延长，推迟珠光体相变，使曲线右移[3]。一般认为奥氏体晶粒长大对中温转变影响不大，这是由于贝氏体转变不一定要在晶界上形核。粗晶粒奥氏体的 M_s 点比细晶粒奥氏体的 M_s 点稍有提高。

（4）取样位置的影响。钢锭外围部位与中心区域的结晶状态不同，存在一定的成分偏析，偏析部分与非偏析部分的过冷奥氏体转变曲线的形状是不同的。因此要选择组织均匀的样品，或者对样品进行均质处理。

（5）原始组织的影响。在相同的加热条件下，原始组织对奥氏体的形成是有影响的，但是对 CCT 曲线的影响不显著。

奥氏体的形成遵循着一般的相变规律，就是形核和长大。奥氏体形核时首先在相界、晶界上产生，因为现成的界面可以减少奥氏体晶核形成时的表面能，对相变起促进作用。原始组织中碳化物的形状对奥氏体形成的影响也很大。根据相变动力学理论，对于弥散分布、介稳定的组织，通常相变较易进行且提早发生，也就是说具有较低的临界点。原始组织比较稳定的转变为奥氏体，形核需要的能量大，因此往往有较高的临界点。

图 3-1 是同一炉钢四种不同原始状态 AISI4340 钢的 CCT 曲线。原始热处理状态不一样，原始组织也不同，随着温度的升高，这些组织由于结构不同，碳化物的形状也不一样，因此对形成奥氏体的速度和温度范围就不同，所测得的临界点就不同。但是一旦全部转变成奥氏体后，在相同的奥氏体化温度保温，也就是说完全奥氏体化以后，应该是无显著差别的。所以表现在过冷奥氏体连续冷却转变时 CCT 曲线无显著差别。因此原始状态对临界点的影响较大，对 CCT 曲线没有明显影响。

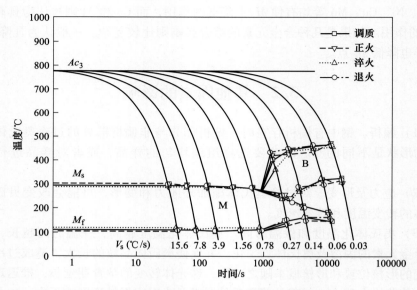

图 3-1　四种不同原始状态 AISI4340 钢的 CCT 曲线

4　膨胀法在钢铁材料相变研究中的应用

热膨胀法是一种实用的分析方法，它通过温控技术和能够快速测量并有数据存储和输出能力的设备，测量金属材料热循环过程中线性应变与时间和温度的关系。与其他分析方法相比，它有几大优点：（1）可以实时监控相变过程；（2）相变温度的测定比较符合真实的相变；（3）较宽的温度控制范围；（4）实验操作简便易行。

利用热膨胀法可以测定钢的固态相变温度点与时间和膨胀量的关系，根据这些数据可对钢铁材料进行连续加热、连续冷却、等温转变等相变研究，并可以得到动静态 CCT 曲线、TTT 曲线及建立相变动力学模型等，从而达到预估钢的性能、指导热处理工艺的目的。

4.1　连　续　加　热

4.1.1　CHT 曲线

奥氏体化过程是钢材热处理的第一步，奥氏体初始状态直接影响钢在冷却后的组织和性能。对于给定的原始组织，加热速率和温度最直接影响钢的奥氏体化。膨胀法可用来分析这两个因素的影响，即 CHT 曲线（Continuous Heating Transformation Diagram）[4,5]。

图 4-1[5]为马氏体不锈钢 X60Cr14Mo 的 CHT 曲线，相变曲线以时间-温度半对数坐标，显示了钢在真实加热条件下临界点随加热速率的变化。加热速率从 0.05℃/s 到 2℃/s，前者一般是实验上用来测定准平衡态临界点的速率，后者是工业上淬火加热速率的上限。图中可以看出临界点温度随加热速率的增快而提高，Ac_c、Ac_h 受加热速率影响更大。Ac_c 为碳化物完全溶入奥氏体的温度，Ac_h 为奥氏体均匀化温度，碳化物对马氏体不锈钢的耐磨和耐腐蚀性能有非常大的影响，因此，碳化物的溶解过程是非常值得研究的。膨胀法可以准确地监测碳化物的溶解过程和完全溶解温度。

4.1.2　奥氏体化相变动力学模型

利用热膨胀法研究奥氏体的形核和长大，并建立相变动力学模型[6~15]，可以

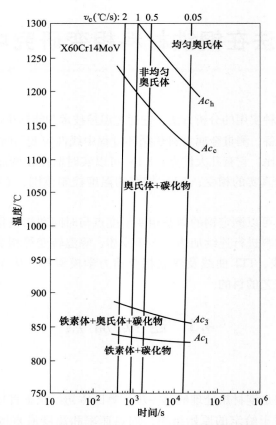

图 4-1　X60Cr14MoV 钢的连续加热相变图（加热速率从 0.05℃/s 到 2℃/s）

预测出奥氏体化相变动力学过程。

　　Avrami 等人[9,10]建立的经典动力学方程，已经成为相变研究的基础。例如应用 Avrami 方程建立的连续加热共析钢珠光体向奥氏体转变的动力学数学模型[11]，模型公式为：

$$x = 1 - \exp \int_{Ac_1}^{T} \frac{4\pi}{3\dot{T}^4} \dot{N} G^3 \Delta T^3$$

式中，N 为形核率；G 为长大速率，是跟温度有关的变量。模型计算的结果与实验数据有很好的一致性。

　　利用膨胀法可以建立低碳微合金钢在不同加热速率下，奥氏体形成过程中体积分数和碳含量的数学模型[12]。也可以利用膨胀法和奥氏体中 C 含量变化对含 Cr 过共析钢的渗碳体溶解动力学进行研究[13]，结果认为随温度升高，由铁素体和渗碳体形成的奥氏体碳浓度和铁素体保持大致的平衡。

在不同原始组织奥氏体化的连续加热过程中，根据连续加热过程中温度与不同相的体积分数变化的计算可以建立膨胀模型[14,15]，从而预测出钢的膨胀曲线，可以估算膨胀量与温度的关系及临界相变温度点等。

上述相变动力学模型分别有其适用条件及范围，可以预测奥氏体化相变动力学过程，减少成本、缩短开发周期。

4.2 连 续 冷 却

随着现代材料科学的发展，钢铁材料的开发已经建立在成分-相变-组织-性能的定量或者半定量关系上。钢铁材料固态相变大多是在连续冷却条件下进行的。膨胀法较多应用在 CCT 曲线的研究[16~29]，也有对钢中单一组织相变的研究。[30]

根据实验过程有单一热循环和兼有力学模拟的热循环，CCT 曲线分为静态CCT 曲线和动态 CCT 曲线。应用膨胀法对静态 CCT 曲线的研究主要集中在合金元素[16~19]、奥氏体化温度[20]对曲线的影响及钢的固态相变对性能的影响[21~23]。研究目的是优化钢的化学成分及指导热处理工艺，预测组织和性能。也可以根据CCT 曲线提供的临界冷却速度，选用合理的钢材。

为了更正确地制定控轧和控冷工艺，必须了解变形工艺参数对 CCT 曲线的影响。也就是说需测定一定量变形后的 CCT 曲线。与未经变形的 CCT 曲线相比，经过变形后的 CCT 曲线在位置和形状上都会有明显的变化，据此制定的控轧、控冷工艺参数（开轧温度、终轧温度、变形量、冷却速度和卷取温度等）将更合理。应用膨胀法还可以模拟焊缝及热影响区的组织转变[24,25]。

在工业生产中，材料冷却和变形经常会同时进行，奥氏体内部存在较多的位错形变带等缺陷，对相变过程产生影响。通过加入力学系统的膨胀相变测量设备，使试样在冷却过程中兼有形变过程，可以模拟钢在热变形后连续冷却过程中的组织转变规律，反映材料在高温下发生塑性变形和相变后得到的显微组织类型。因此变形+连续冷却的相变研究受到关注[26~29]。

图 4-2 为通过用膨胀法对添加不同含量 Nb-Ti 微合金钢的变形+连续冷却相变的研究[26]，图 4-2（a）为变形微合金钢的 Ar_3 温度与 Ti 含量的关系，图4-2（b）为变形微合金钢析出的复型 TEM 照片，箭头所指分别为较大的 Nb-Ti析出和纳米级 Nb-Ti 析出。

研究认为在 Ti 含量为 0.031%的未变形和变形微合金钢中，纳米级 Nb-Ti 析

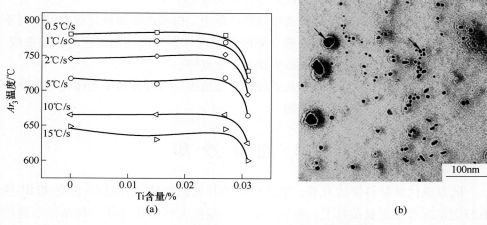

图 4-2 微合金钢热变形 Ar_3 温度与 Ti 含量的关系

（a）Ar_3 温度与 Ti 含量；（b）Nb-Ti 析出

出在奥氏体区变形，能够推迟铁素体相变，导致 Ar_3 温度急剧降低。关于动态连续冷却相变的研究还有一些关于变形[27]、变形温度[28,29] 等对动态相变影响的研究。

4.3 等 温 转 变

利用膨胀法可以研究化学成分、奥氏体化温度、保温时间、原奥氏体晶粒大小等对等温相变的影响。

等温温度不同，可以获得不同的组织，从而得到需要的性能。利用膨胀法可以对过冷奥氏体进行等温相变观察，例如对超低碳钢 $\gamma \rightarrow \alpha$ 等温相变的研究[30] 及 M_s 以下的等温转变的研究[31,32] 等。多步等温相变常用在钢中，用来提高塑韧性[33,34]。

具有多相组织的钢，有较好的强韧性配合。近年来，多相或者是复杂相组织的钢得到较快的发展。膨胀法对研究多相组织是非常好的方法。图 4-3[31] 为用膨胀法监测过冷奥氏体在较低温度等温转变得到的微观组织演变示意图，图中 γ 代表奥氏体，IM 代表初始马氏体，B 为贝氏体，FM 为新生马氏体，RA 为残余奥氏体，TM 为回火马氏体，AM 为自回火马氏体。

TTT 曲线一般都用膨胀法测定，通过对 TTT 曲线的研究可以优化热处理工艺，可以为冶炼和轧制工艺提供理论依据，控轧控冷后获得稳定的组织和性能。本图集也收录了一些钢种的 TTT 曲线。

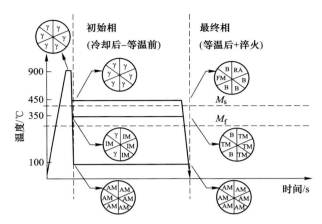

图 4-3 等温热处理 1h 后的微观组织示意图

5 膨胀法测 CCT 曲线的步骤[35]

5.1 膨胀曲线的测定

5.1.1 试样要求

（1）取样部位应具有代表性，试样组织应均匀，试样不得有微裂纹等缺陷。试样的取样方向应符合 YB/T 5127 的规定。

（2）所测试样应取同一炉，并附实际化学成分。

（3）试样尺寸应根据试验仪器而定。试样的尺寸、平行度、表面粗糙度、公差应符合仪器要求。

（4）每个试样只能测量一次。

5.1.2 确定试验方案

（1）选定奥氏体化温度。测定 CCT 曲线，亚共析钢一般在 Ac_3 以上 $30 \sim 50℃$；共析钢、过共析钢一般在 Ac_{cm} 以上 $30 \sim 50℃$（或根据实际需要确定）。

（2）选定奥氏体化保温时间。从试样达到奥氏体化温度后，保温 $5 \sim 20min$。对合金元素含量较高的钢种，可适当延长保温时间。

（3）确定冷却时间。亚共析钢从奥氏体化温度冷至 Ac_3 起开始计时。过共析钢从奥氏体化温度开始降温起计时。

（4）选定冷却速度。测定一种钢的 CCT 曲线图，应选择 8 种以上不同冷却速度。

5.1.3 试验步骤

（1）安装试样。将试样置入试验设备中，确保试样的端面与试样夹具接触良好。安装接触式伸长计，伸长计与试样相互间应有良好稳定的接触。测轴向膨胀应保证传输杆与试样在同一轴线上；测径向膨胀应保证传输杆与试样垂直且在试样的中间位置。安装光学伸长计时，应确保其光照测量区间在试样膨胀范围内。

（2）试验环境。通常试验过程中，试样处于真空或气体保护状态。

（3）测定临界点。按照 YB/T 5127 规定进行测定。

（4）测定相变过程。将试样进行加热、保温及变形，然后以不同冷却速度连续冷却，直到相变结束，记录完成的膨胀-温度曲线。若测定相变过程中测不出马氏体点，可用金相法、热分析法、磁性法测定或由计算给出。

（5）观察金相组织。观察金相组织按照 GB/T 13298 规定进行。测静态 CCT 曲线，金相观察面应在被测试样热电偶焊点位置的横截面上。测动态 CCT 图，金相观察面应在被测试样变形有效区域的横截面上。曲线"鼻尖"部位及封闭区域应和金相法或其他方法共同确定。珠光体析出线不明显时，应用金相法确定。

（6）测定硬度值。测定硬度值应按照 GB/T 4340.1 的规定进行。

5.2　试验结果处理

（1）以温度为纵坐标，时间对数为横坐标，建立坐标系，以 Ac_1、Ac_3 的温度值绘出与横坐标平行的直线。

（2）绘出不同冷却速度曲线，曲线末端表明冷却速度值，至少绘出 10 条冷却速度曲线。

（3）将测定的不同冷却速度时奥氏体转变的温度，绘在对应的冷却速度曲线上，然后将性质相同的相转变开始点和结束点分别连成曲线，构成完整的曲线图。

（4）标明各区的转变组织及最终转变量。

（5）标明不同冷却速度下室温的硬度值。

（6）每一张 CCT 图应附有全部组织特征的金相照片（包括原始组织照片一张）并加标尺。

（7）每一张 CCT 图应附有钢的化学成分和相应的实验工艺。

（8）绘图要求及格式按 YB/T 5128 附录 B 的规定，绘图示例参见附录 C。

5.3　CCT 曲线中各组织百分含量的确定

确定 CCT 曲线中各组织含量的方法主要有金相定量法、膨胀曲线计算法等。各个方法都有局限性，在实际测量中可以把几种方法结合起来确定含量。下面主要介绍国家标准中的用杠杆法测算组织的相对量。

如图 5-1 所示的膨胀曲线，当试样由温度 T_0 开始冷却时，由于热胀冷缩，试样随温度下降呈线性收缩（图中 oa 段），到温度 T_a 后，由于发生了相变，破坏了全膨胀量与温度间的线性关系，使膨胀曲线发生转折，到温度 T 时，如果没有相变的影响，膨胀曲线应到达 oa 的延长线 A，由于相变的影响，膨胀曲线通过 C

点，显然线段 AC 是由相变引起试样长度（或直径）的变化，到温度 T_b 时，相变结束，线段 $A'b$ 为相变结束时由于相变而引起的长度变化。

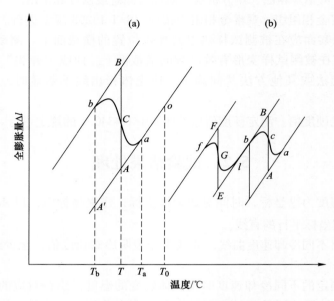

图 5-1　钢的膨胀曲线图

假定相变量直接与相变的体积效应成正比，也考虑到新相和母相间的膨胀系数不同，则在温度 T 时，形成新相的百分数，可按杠杆定律求得，即：

$$a_{新} = \frac{AC}{AB} \times Q\% \tag{5-1}$$

式中　AB——通过转变温度范围的中点 C 作横坐标的垂线与膨胀曲线两相邻直线部分延长线交点间的线段；

　　　$Q\%$——该温度范围内的最大转变量。

在图 5-1（a）的情况下，转变发生在一个温度范围内，如转变发生在高温区，则 $Q\% = 100\%$，如转变发生在中温区，由于贝氏体转变类似于马氏体转变，有转变不完全性，故 $Q\%$ 应借助于 X 射线法或磁性法来确定残余奥氏体量，则 $Q\% = (100 - A_{残})\%$。但对一般中碳、低碳合金钢，$Q\%$ 仍可以近似看作 100%。

在图 5-1（b）的情况下，即转变发生在两个温度范围，假定高温区转变和中温区转变的体积效应相同，则各区转变的相对量可按式（5-2）和式（5-3）求得，即：

$$a_{高} = \frac{AB}{AB + EF} \times Q\% \tag{5-2}$$

$$a_{中} = \frac{EF}{AB + EF} \times Q\%$$ (5-3)

式中　AB，EF——通过转变温度范围的中点 C 和 G 作横坐标的垂线与膨胀曲线
　　　　　　　两相邻直线部分延长线交点间的线段；

　　　　$Q\%$——两个温度范围内的总转变量。

　　如果贝氏体转变区的膨胀曲线上存在明显的 A→M 转折点，则可用杠杆法来
定量。如果不存在明显的转折点，在低碳低合金钢中，按马氏体点不变的原则来
定量，这样就很容易地求得贝氏体和马氏体的相对量。

6 不同钢种的奥氏体转变曲线

6.1 合金结构钢

6.1.1 14CrNiMo（CCT）

14CrNiMo 的成分如表 6-1 所示。

表 6-1 14CrNiMo 的化学成分

化学成分（质量分数）/%										
C	Si	Mn	P	S	Cr	Mo	Ni	Cu	Al	Ti
0.135	0.2	0.64	0.05	0.004	1.54	0.5	2.92	0.12	0.018	0.003
原始状态：退火					奥氏体化：880℃，5min					

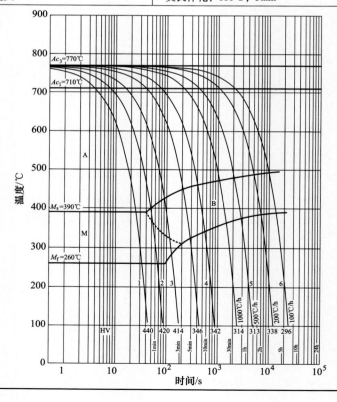

14CrNiMo 的金相组织如图 6-1 所示。

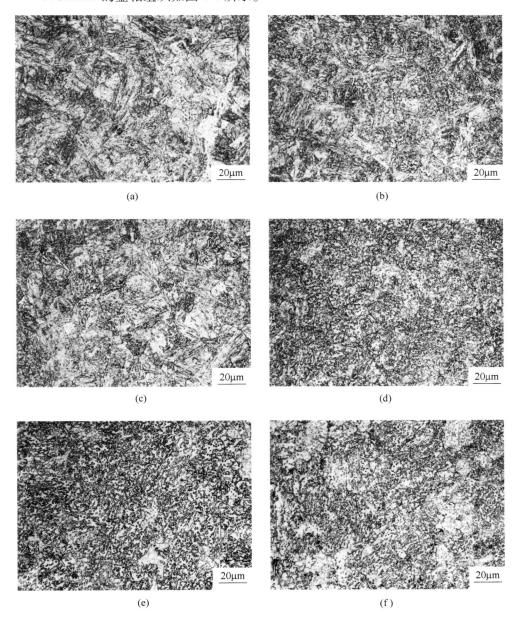

图 6-1　14CrNiMo 的金相组织

（a）曲线 1 的金相组织（冷速 Ac_3-RT，50s）；（b）曲线 2 的金相组织（冷速 Ac_3-RT，100s）；

（c）曲线 3 的金相组织（冷速 Ac_3-RT，200s）；（d）曲线 4 的金相组织（冷速 Ac_3-RT，1000s）；

（e）曲线 5 的金相组织（冷速 Ac_3-RT，500℃／h）；（f）曲线 6 的金相组织（冷速 Ac_3-RT，100℃／h）

6.1.2   16MnCr5（CCT）

16MnCr5 的成分如表 6-2 所示。

表 6-2   16MnCr5 的化学成分

化学成分（质量分数）/%									
C	Si	Mn	P	S	Cr	Ni	Cu	Mo	Al
0.17	0.34	1.23	0.014	0.028	1.05	0.07	0.08	0.02	0.032
原始状态：锻态					奥氏体化：900℃，5min				

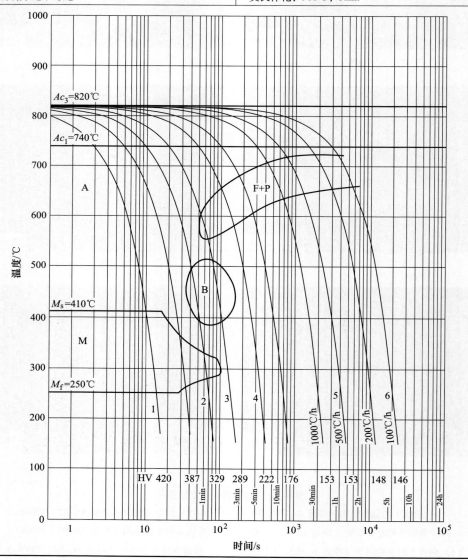

16MnCr5 的金相组织如图 6-2 所示。

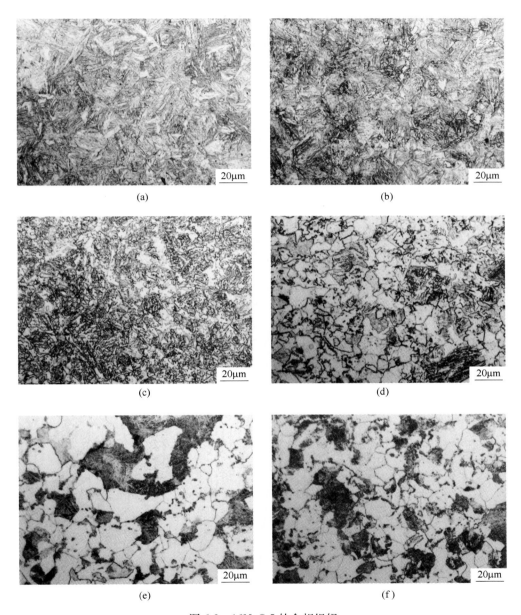

图 6-2　16MnCr5 的金相组织

（a）曲线 1 的金相组织（冷速 Ac_3-RT，20s）；（b）曲线 2 的金相组织（冷速 Ac_3-RT，100s）；

（c）曲线 3 的金相组织（冷速 Ac_3-RT，200s）；（d）曲线 4 的金相组织（冷速 Ac_3-RT，500s）；

（e）曲线 5 的金相组织（冷速 Ac_3-RT，500℃/h）；（f）曲线 6 的金相组织（冷速 Ac_3-RT，100℃/h）

6.1.3　17CrNiMo6（CCT）

17CrNiMo6 的成分如表 6-3 所示。

表 6-3　17CrNiMo6 的化学成分

化学成分（质量分数）/%								
C	Si	Mn	P	S	Cr	Ni	Mo	Cu
0.16	0.24	0.54	0.009	0.012	1.64	1.57	0.28	0.12
原始状态：退火				奥氏体化：870℃，5min				

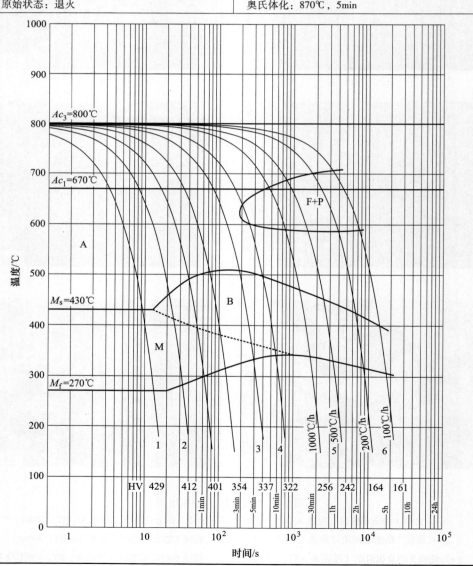

17CrNiMo6 的金相组织如图 6-3 所示。

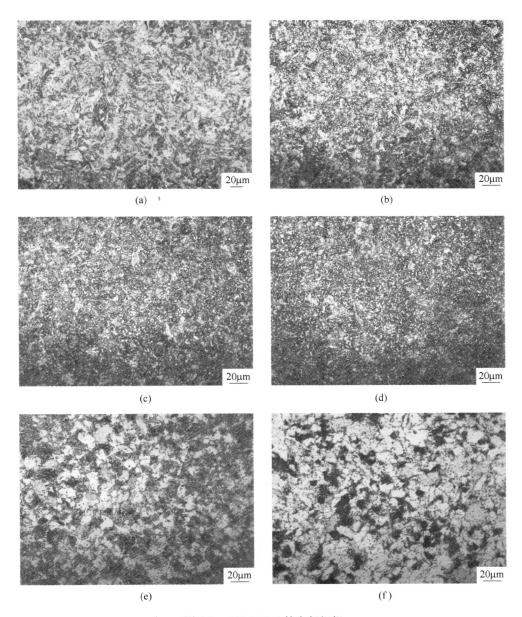

图 6-3 17CrNiMo6 的金相组织

（a）曲线 1 的金相组织（冷速 Ac_3-RT，20s）；（b）曲线 2 的金相组织（冷速 Ac_3-RT，50s）；

（c）曲线 3 的金相组织（冷速 Ac_3-RT，500s）；（d）曲线 4 的金相组织（冷速 Ac_3-RT，1000s）；

（e）曲线 5 的金相组织（冷速 Ac_3-RT，500℃／h）；（f）曲线 6 的金相组织（冷速 Ac_3-RT，100℃／h）

6.1.4　18CrNiMo7-6（CCT）

18CrNiMo7-6 的成分如表 6-4 所示。

表 6-4　18CrNiMo7-6 的化学成分

化学成分（质量分数）/%								
C	Si	Mn	P	S	Cr	Ni	Mo	Cu
0.18	0.18	0.62	0.011	0.008	1.64	1.48	0.28	0.092
原始状态：退火				奥氏体化：880℃，5min				

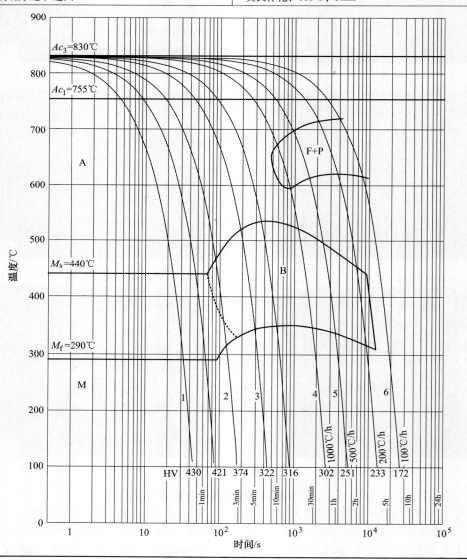

18CrNiMo7-6 的金相组织如图 6-4 所示。

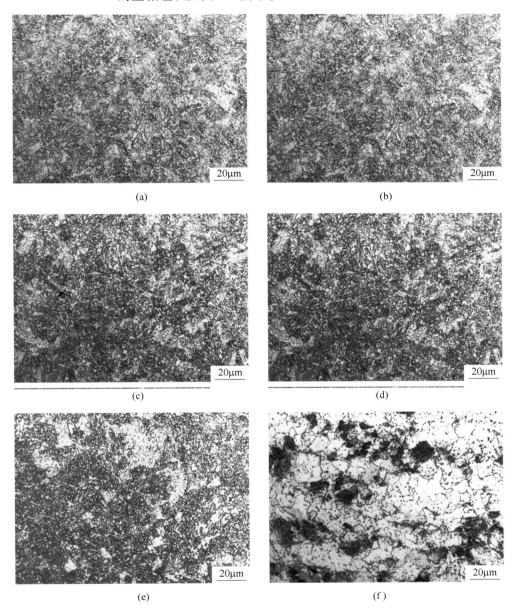

图 6-4　18CrNiMo7-6 的金相组织

（a）曲线 1 的金相组织（冷速 Ac_3-RT，50s）；（b）曲线 2 的金相组织（冷速 Ac_3-RT，200s）；
（c）曲线 3 的金相组织（冷速 Ac_3-RT，500s）；（d）曲线 4 的金相组织（冷速 Ac_3-RT，1000℃/h）；
（e）曲线 5 的金相组织（冷速 Ac_3-RT，500℃/h）；（f）曲线 6 的金相组织（冷速 Ac_3-RT，100℃/h）

6.1.5 18CrMnNiMo（CCT）

18CrMnNiMo 的成分如表 6-5 所示。

表 6-5 18CrMnNiMo 的化学成分

化学成分（质量分数）/%					
C	Si	Mn	Cr	Ni	Mo
0.18	1.65	1.1	1.02	0.97	0.29
原始状态：退火			奥氏体化：880℃，5min		

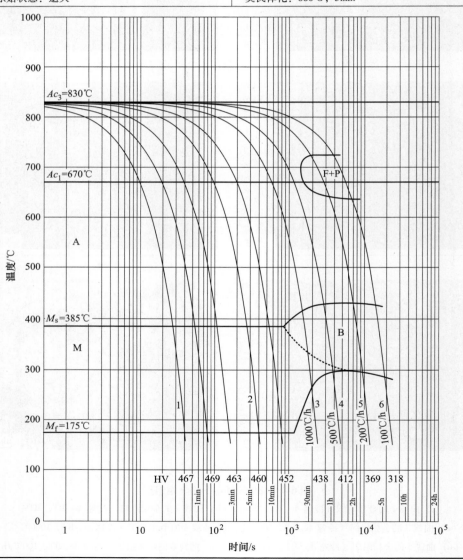

18CrMnNiMo 的金相组织如图 6-5 所示。

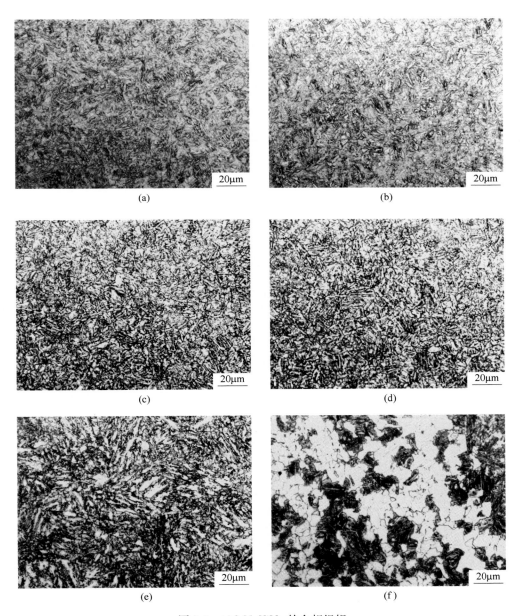

图 6-5 18CrMnNiMo 的金相组织

（a）曲线 1 的金相组织（冷速 Ac_3-RT，50s）；（b）曲线 2 的金相组织（冷速 Ac_3-RT，500s）；

（c）曲线 3 的金相组织（冷速 Ac_3-RT，1000℃/h）；（d）曲线 4 的金相组织（冷速 Ac_3-RT，500℃/h）；

（e）曲线 5 的金相组织（冷速 Ac_3-RT，200℃/h）；（f）曲线 6 的金相组织（冷速 Ac_3-RT，100℃/h）

6.1.6　18CrMnB（CCT）

18CrMnB 的成分如表 6-6 所示。

表 6-6　18CrMnB 的化学成分

化学成分（质量分数）/%				
C	Si	Mn	Cr	B
0.19	1.7	1	0.99	0.0014
原始状态：锻态		奥氏体化：1150℃，5min		

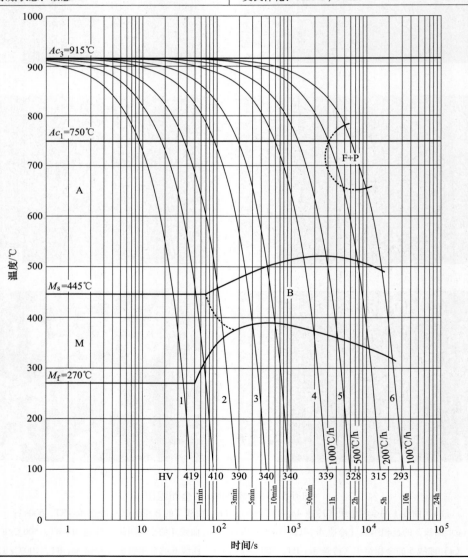

18CrMnB 的金相组织如图 6-6 所示。

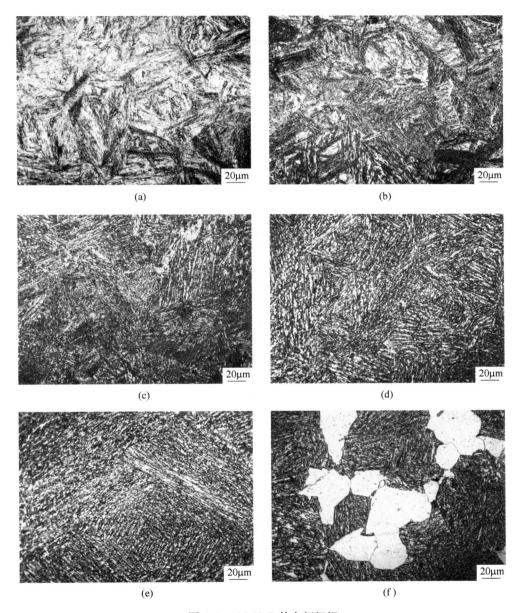

图 6-6　18CrMnB 的金相组织

（a）曲线 1 的金相组织（冷速 Ac_3-RT，50s）；（b）曲线 2 的金相组织（冷速 Ac_3-RT，200s）；
（c）曲线 3 的金相组织（冷速 Ac_3-RT，500s）；（d）曲线 4 的金相组织（冷速 Ac_3-RT，1000℃/h）；
（e）曲线 5 的金相组织（冷速 Ac_3-RT，500℃/h）；（f）曲线 6 的金相组织（冷速 Ac_3-RT，100℃/h）

6.1.7   18CrMnTiH（CCT）

18CrMnTiH 的成分如表 6-7 所示。

表 6-7   18CrMnTiH 的化学成分

化学成分（质量分数）/%						
C	Si	Mn	P	S	Cr	Ti
0.18	0.27	0.95	0.017	0.018	1.15	0.07
原始状态：轧态			奥氏体化：900℃，5min			

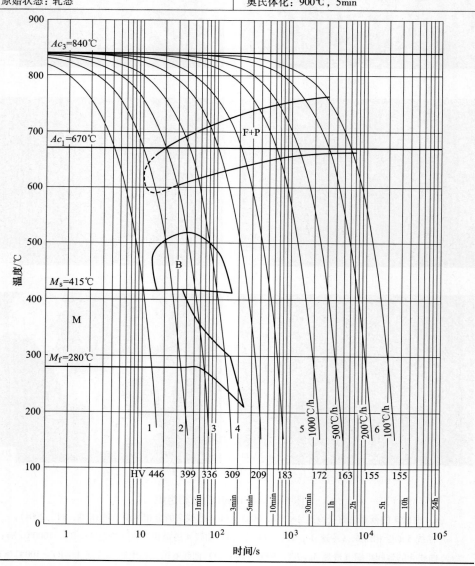

18CrMnTiH 的金相组织如图 6-7 所示。

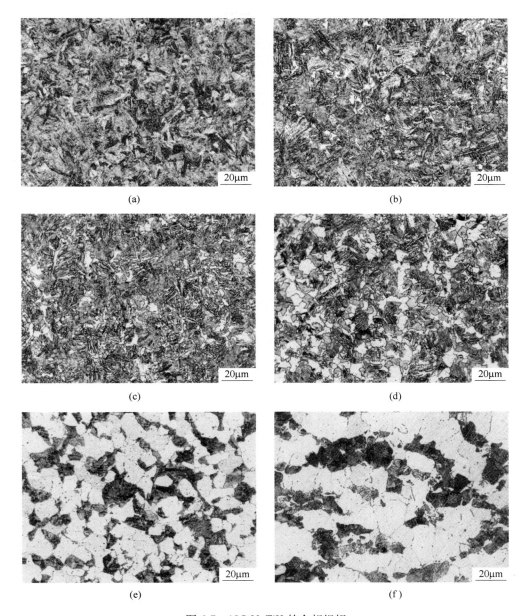

图 6-7 18CrMnTiH 的金相组织

（a）曲线 1 的金相组织（冷速 Ac_3-RT，20s）；（b）曲线 2 的金相组织（冷速 Ac_3-RT，50s）；

（c）曲线 3 的金相组织（冷速 Ac_3-RT，100s）；（d）曲线 4 的金相组织（冷速 Ac_3-RT，200s）；

（e）曲线 5 的金相组织（冷速 Ac_3-RT，1000℃/h）；（f）曲线 6 的金相组织（冷速 Ac_3-RT，100℃/h）

6.1.8　20CrNiMo（CCT）

20CrNiMo 的成分如表 6-8 所示。

表 6-8　20CrNiMo 的化学成分

化学成分（质量分数）/%								
C	Si	Mn	P	S	Cr	Ni	Mo	Al
0.20	0.26	0.78	0.015	0.029	0.53	0.47	0.20	0.013
原始状态：轧态				奥氏体化：900℃，5min				

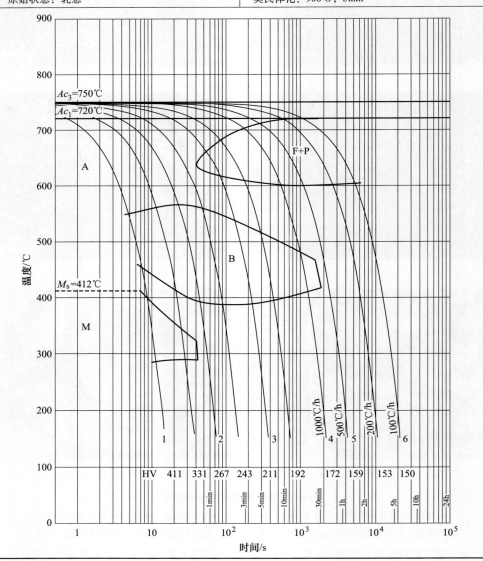

20CrNiMo 的金相组织如图 6-8 所示。

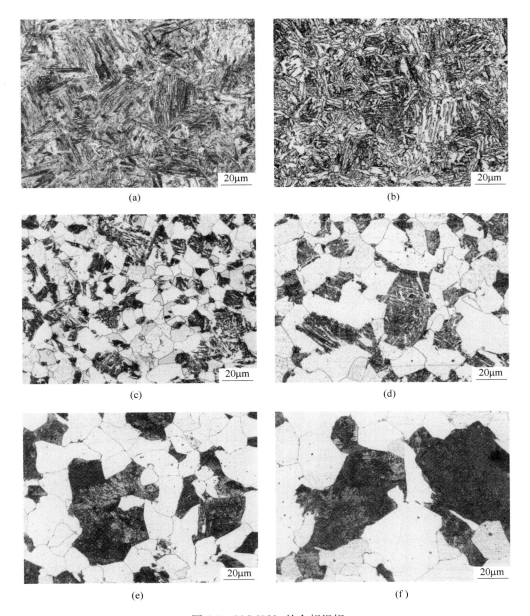

图 6-8 20CrNiMo 的金相组织

（a）曲线 1 的金相组织（冷速 Ac_3-RT，20s）；（b）曲线 2 的金相组织（冷速 Ac_3-RT，100s）；
（c）曲线 3 的金相组织（冷速 Ac_3-RT，500s）；（d）曲线 4 的金相组织（冷速 Ac_3-RT，1000℃/h）；
（e）曲线 5 的金相组织（冷速 Ac_3-RT，500℃/h）；（f）曲线 6 的金相组织（冷速 Ac_3-RT，100℃/h）

6.1.9   20MnCr5（CCT）

20MnCr5 的成分如表 6-9 所示。

表 6-9   20MnCr5 的化学成分

化学成分（质量分数）/%					
C	Si	Mn	S	Cr	Al
0.18	0.08	1.38	0.026	1.22	0.031
原始状态：轧态			奥氏体化：900℃，5min		

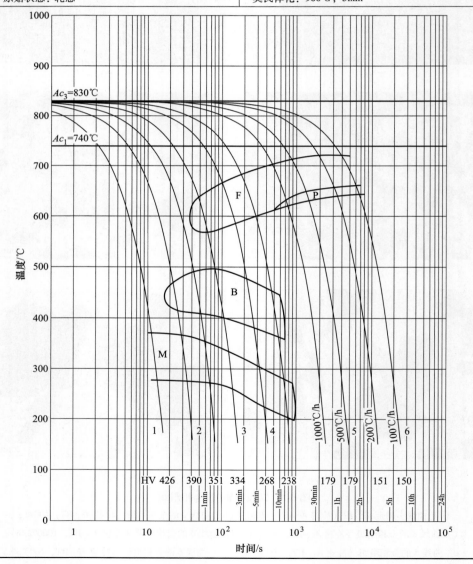

20MnCr5 的金相组织如图 6-9 所示。

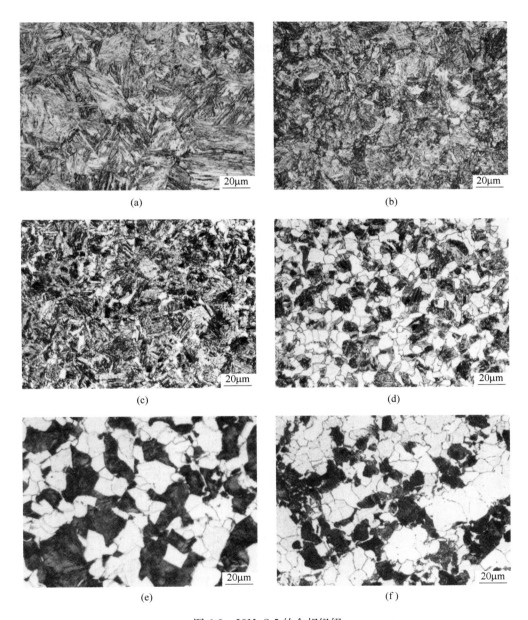

图 6-9　20MnCr5 的金相组织

（a）曲线 1 的金相组织（冷速 Ac_3-RT，20s）；（b）曲线 2 的金相组织（冷速 Ac_3-RT，50s）；

（c）曲线 3 的金相组织（冷速 Ac_3-RT，200s）；（d）曲线 4 的金相组织（冷速 Ac_3-RT，500s）；

（e）曲线 5 的金相组织（冷速 Ac_3-RT，500℃/h）；（f）曲线 6 的金相组织（冷速 Ac_3-RT，100℃/h）

6.1.10　20MnSiNb（CCT）

20MnSiNb 的成分如表 6-10 所示。

表 6-10　20MnSiNb 的化学成分

化学成分（质量分数）/%					
C	Si	Mn	P	S	Nb
0.21	0.5	1.48	0.035	0.026	0.017
原始状态：热轧			奥氏体化：1150℃，5min		

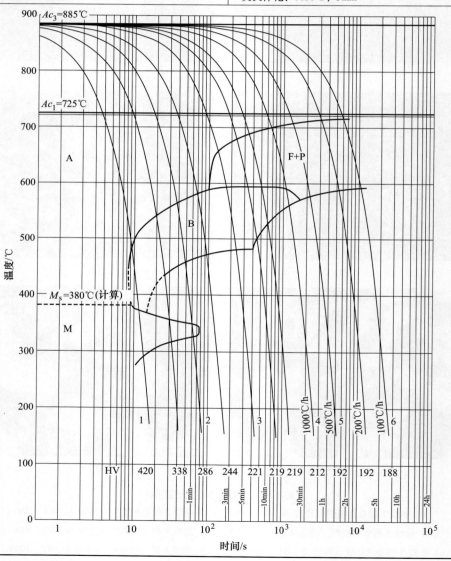

20MnSiNb 的金相组织如图 6-10 所示。

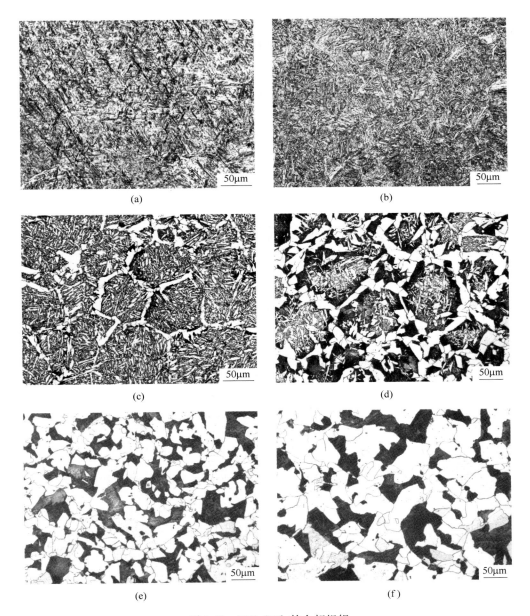

图 6-10 20MnSiNb 的金相组织

（a）曲线 1 的金相组织（冷速 Ac_3-RT，20s）；（b）曲线 2 的金相组织（冷速 Ac_3-RT，100s）；

（c）曲线 3 的金相组织（冷速 Ac_3-RT，500s）；（d）曲线 4 的金相组织（冷速 Ac_3-RT，1000℃/h）；

（e）曲线 5 的金相组织（冷速 Ac_3-RT，500℃/h）；（f）曲线 6 的金相组织（冷速 Ac_3-RT，100℃/h）

6.1.11 20CrH（CCT）

20CrH 的成分如表 6-11 所示。

表 6-11 20CrH 的化学成分

化学成分（质量分数）/%					
C	Si	Mn	P	S	Cr
0.20	0.26	0.82	0.020	0.003	1.09
原始状态：轧态			奥氏体化：900℃，5min		

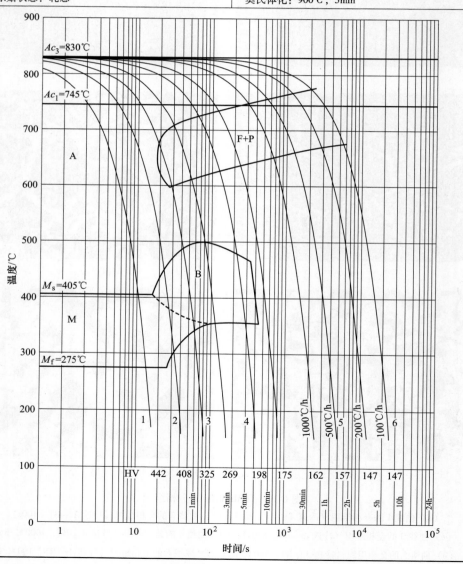

20CrH 的金相组织如图 6-11 所示。

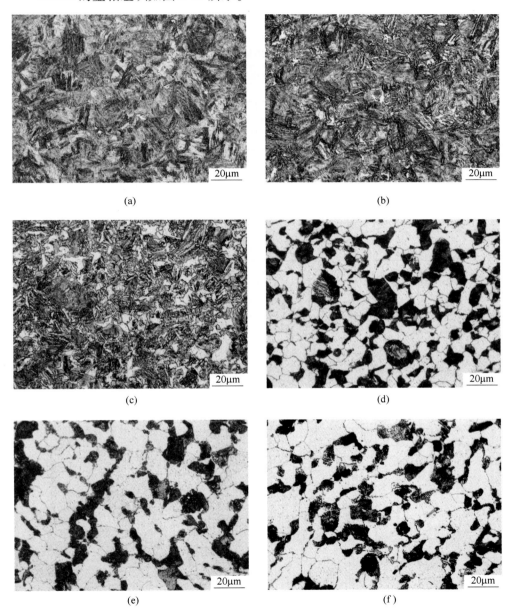

图 6-11　20CrH 的金相组织

（a）曲线 1 的金相组织（冷速 Ac_3-RT，20s）；（b）曲线 2 的金相组织（冷速 Ac_3-RT，50s）；

（c）曲线 3 的金相组织（冷速 Ac_3-RT，100s）；（d）曲线 4 的金相组织（冷速 Ac_3-RT，500s）；

（e）曲线 5 的金相组织（冷速 Ac_3-RT，500℃/h）；（f）曲线 6 的金相组织（冷速 Ac_3-RT，100℃/h）

6.1.12 20Cr2Ni4A（CCT）

20Cr2Ni4A 的成分如表 6-12 所示。

表 6-12 20Cr2Ni4A 的化学成分

化学成分（质量分数）/%							
C	Si	Mn	P	S	Cr	Ni	Cu
0.2	0.27	0.45	0.035	0.03	1.45	3.45	0.25
原始状态：淬火+回火				奥氏体化：860℃，5min			

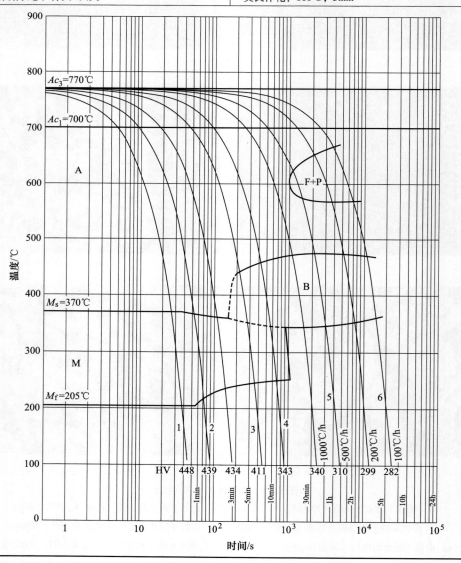

20Cr2Ni4A 的金相组织如图 6-12 所示。

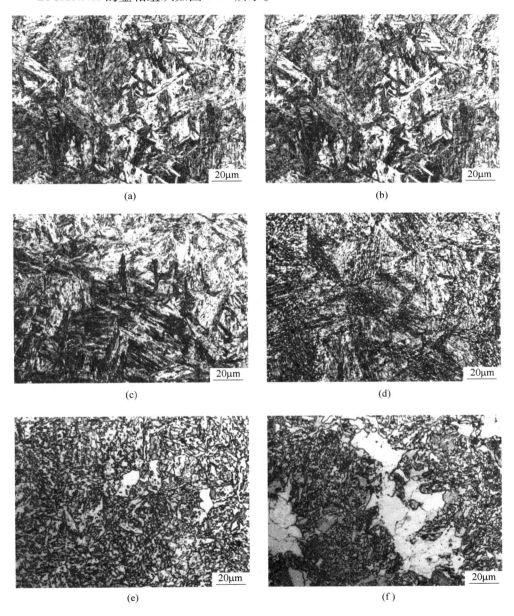

图 6-12　20Cr2Ni4A 的金相组织

（a）曲线 1 的金相组织（冷速 Ac_3-RT，50s）；（b）曲线 2 的金相组织（冷速 Ac_3-RT，100s）；

（c）曲线 3 的金相组织（冷速 Ac_3-RT，500s）；（d）曲线 4 的金相组织（冷速 Ac_3-RT，1000s）；

（e）曲线 5 的金相组织（冷速 Ac_3-RT，500℃/h）；（f）曲线 6 的金相组织（冷速 Ac_3-RT，100℃/h）

6.1.13　22CrMoH（CCT）

22CrMoH 的成分如表 6-13 所示。

表 6-13　22CrMoH 的化学成分

化学成分（质量分数）/%							
C	Si	Mn	P	S	Cr	Mo	Al
0.21	0.26	0.78	0.0092	0.0008	1.09	0.37	0.029
原始状态：轧态				奥氏体化：900℃，5min			

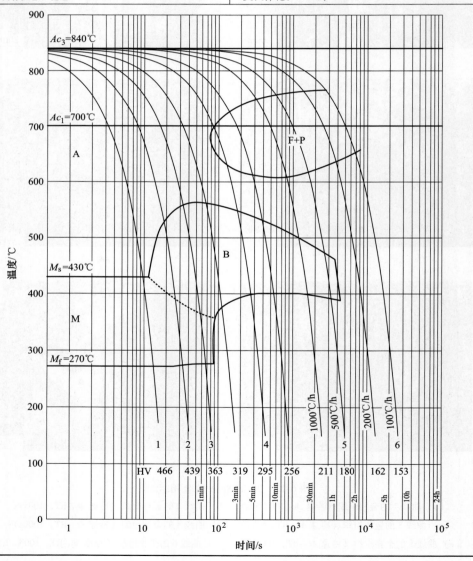

22CrMoH 的金相组织如图 6-13 所示。

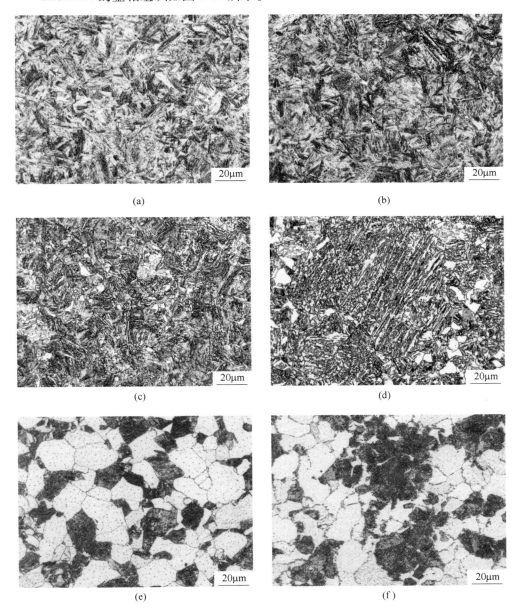

图 6-13 22CrMoH 的金相组织

（a）曲线 1 的金相组织（冷速 Ac_3-RT，20s）；（b）曲线 2 的金相组织（冷速 Ac_3-RT，50s）；

（c）曲线 3 的金相组织（冷速 Ac_3-RT，100s）；（d）曲线 4 的金相组织（冷速 Ac_3-RT，500s）；

（e）曲线 5 的金相组织（冷速 Ac_3-RT，500℃/h）；（f）曲线 6 的金相组织（冷速 Ac_3-RT，100℃/h）

6.1.14 25Cr3Mo3NiSiWV（CCT）

25Cr3Mo3NiSiWV 的成分如表 6-14 所示。

表 6-14 25Cr3Mo3NiSiWV 的化学成分

化学成分（质量分数）/%							
C	Si	Mn	W	Cr	Ni	Mo	V
0.30	0.04	0.07	0.69	2.72	1.22	2.27	0.40
原始状态：退火				奥氏体化：950℃，10min			

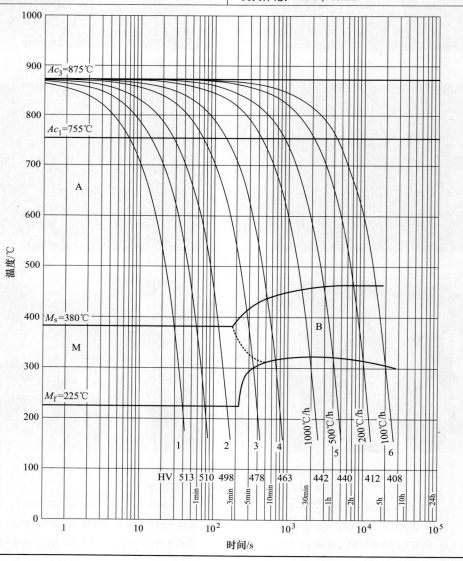

25Cr3Mo3NiSiWV 的金相组织如图 6-14 所示。

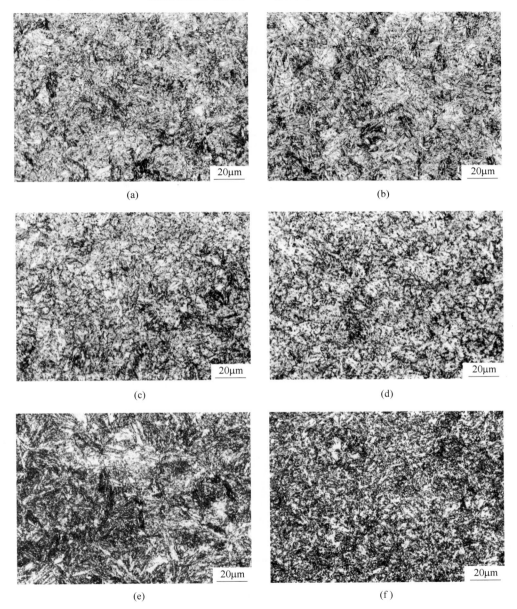

图 6-14 25Cr3Mo3NiSiWV 的金相组织

（a）曲线 1 的金相组织（冷速 Ac_3-RT，50s）；（b）曲线 2 的金相组织（冷速 Ac_3-RT，200s）；

（c）曲线 3 的金相组织（冷速 Ac_3-RT，500s）；（d）曲线 4 的金相组织（冷速 Ac_3-RT，1000s）；

（e）曲线 5 的金相组织（冷速 Ac_3-RT，500℃/h）；（f）曲线 6 的金相组织（冷速 Ac_3-RT，100℃/h）

6.1.15 25Cr3Mo2WNiSiV（CCT）

25Cr3Mo2WNiSiV 的成分如表 6-15 所示。

表 6-15 25Cr3Mo2WNiSiV 的化学成分

化学成分（质量分数）/%							
C	Si	Mn	W	Cr	Ni	Mo	V
0.30	0.14	0.40	0.53	2.76	1.50	1.98	0.31
原始状态：退火				奥氏体化：950℃，10min			

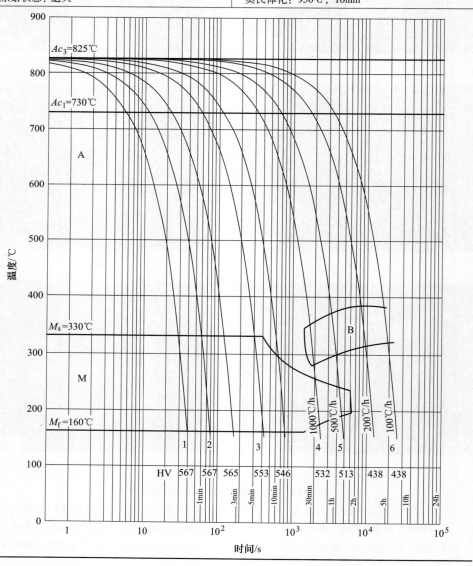

25Cr3Mo2WNiSiV 的金相组织如图 6-15 所示。

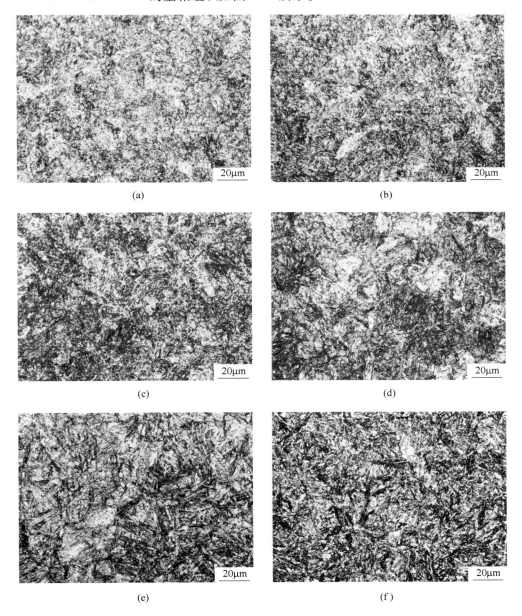

图 6-15 25Cr3Mo2WNiSiV 的金相组织

（a）曲线 1 的金相组织（冷速 Ac_3-RT，50s）；（b）曲线 2 的金相组织（冷速 Ac_3-RT，100s）；

（c）曲线 3 的金相组织（冷速 Ac_3-RT，500s）；（d）曲线 4 的金相组织（冷速 Ac_3-RT，1000℃/h）；

（e）曲线 5 的金相组织（冷速 Ac_3-RT，500℃/h）；（f）曲线 6 的金相组织（冷速 Ac_3-RT，100℃/h）

6.1.16 27CrNiMoH（CCT）

27CrNiMoH 的成分如表 6-16 所示。

表 6-16 27CrNiMoH 的化学成分

化学成分（质量分数）/%							
C	Si	Mn	P	S	Cr	Ni	Mo
0.27	0.25	0.80	0.015	0.015	0.50	0.55	0.20
原始状态：轧态				奥氏体化：900℃，5min			

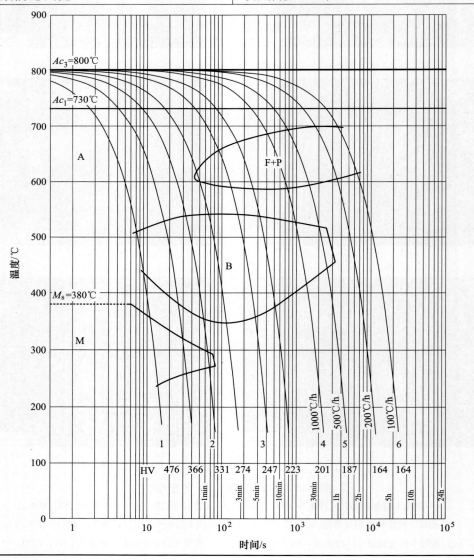

27CrNiMoH 的金相组织如图 6-16 所示。

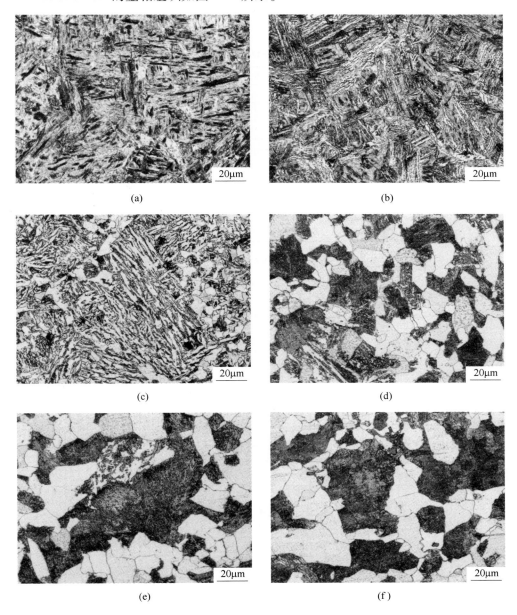

图 6-16　27CrNiMoH 的金相组织

（a）曲线 1 的金相组织（冷速 Ac_3-RT，20s）；（b）曲线 2 的金相组织（冷速 Ac_3-RT，100s）；
（c）曲线 3 的金相组织（冷速 Ac_3-RT，500s）；（d）曲线 4 的金相组织（冷速 Ac_3-RT，1000℃/h）；
（e）曲线 5 的金相组织（冷速 Ac_3-RT，500℃/h）；（f）曲线 6 的金相组织（冷速 Ac_3-RT，100℃/h）

6.1.17　30CrMo（CCT）

30CrMo 的成分如表 6-17 所示。

表 6-17　30CrMo 的化学成分

化学成分（质量分数）/%					
C	Si	Mn	Cr	Mo	Ni
0.32	0.2	0.6	0.97	0.18	0.203
原始状态：退火			奥氏体化：900℃，5min		

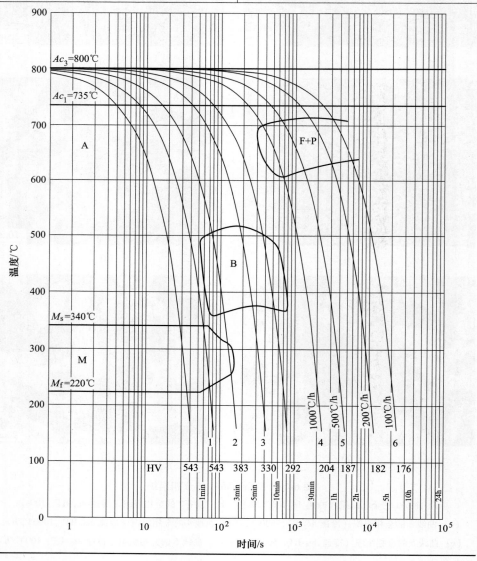

30CrMo 的金相组织如图 6-17 所示。

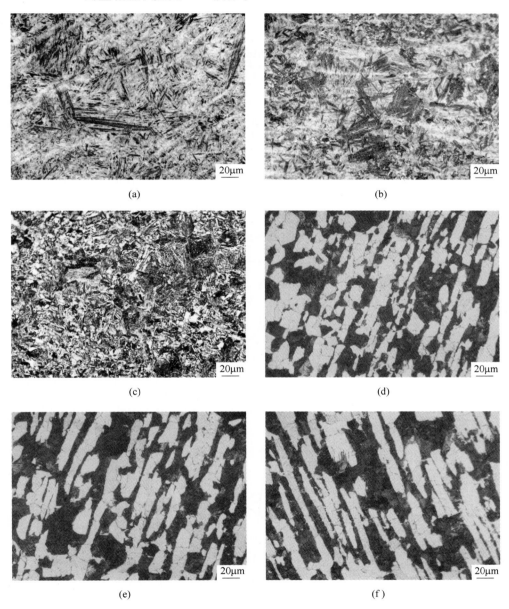

图 6-17　30CrMo 的金相组织

（a）曲线 1 的金相组织（冷速 Ac_3-RT，100s）；（b）曲线 2 的金相组织（冷速 Ac_3-RT，200s）；
（c）曲线 3 的金相组织（冷速 Ac_3-RT，500s）；（d）曲线 4 的金相组织（冷速 Ac_3-RT，1000℃/h）；
（e）曲线 5 的金相组织（冷速 Ac_3-RT，500℃/h）；（f）曲线 6 的金相组织（冷速 Ac_3-RT，100℃/h）

6.1.18　30CrMnTi（CCT）

30CrMnTi 的成分如表 6-18 所示。

表 6-18　30CrMnTi 的化学成分

化学成分（质量分数）/%									
C	Si	Mn	P	S	Cr	Mo	Ti	Al	B
0.30	0.15	0.31	0.0063	0.0013	1.36	0.18	0.008	0.013	0.0028
原始状态：退火				奥氏体化：880℃，5min					

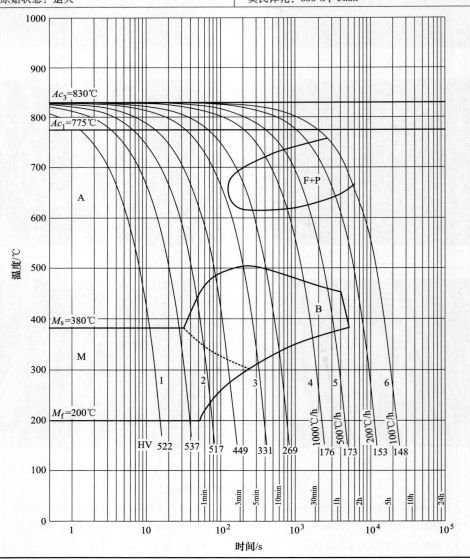

30CrMnTi 的金相组织如图 6-18 所示。

图 6-18　30CrMnTi 的金相组织

（a）曲线 1 的金相组织（冷速 Ac_3-RT，20s）；（b）曲线 2 的金相组织（冷速 Ac_3-RT，100s）；

（c）曲线 3 的金相组织（冷速 Ac_3-RT，500s）；（d）曲线 4 的金相组织（冷速 Ac_3-RT，1000℃/h）；

（e）曲线 5 的金相组织（冷速 Ac_3-RT，500℃/h）；（f）曲线 6 的金相组织（冷速 Ac_3-RT，100℃/h）

6.1.19　30SiMnCrMoV（CCT）

30SiMnCrMoV 的成分如表 6-19 所示。

表 6-19　30SiMnCrMoV 的化学成分

化学成分（质量分数）/%					
C	Si	Mn	Cr	Mo	V
0.3	0.6	1.5	1.0	1.0	0.8
原始状态：退火			奥氏体化：900℃，5min		

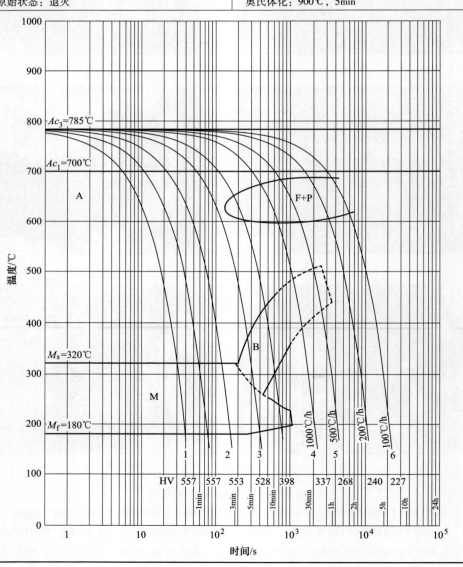

30SiMnCrMoV 的金相组织如图 6-19 所示。

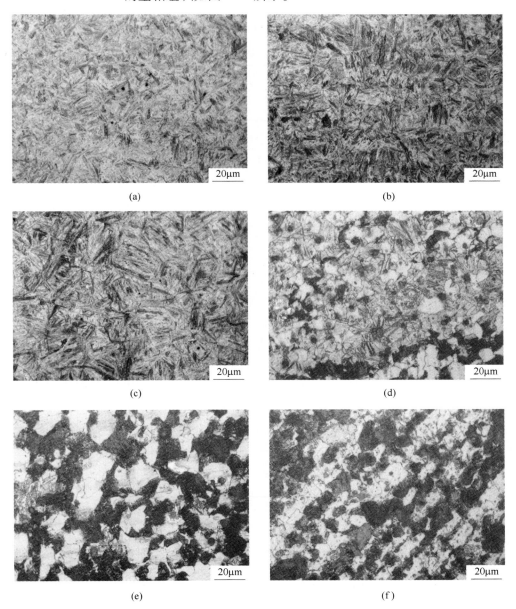

图 6-19　30SiMnCrMoV 的金相组织

（a）曲线 1 的金相组织（冷速 Ac_3-RT，50s）；（b）曲线 2 的金相组织（冷速 Ac_3-RT，200s）；
（c）曲线 3 的金相组织（冷速 Ac_3-RT，500s）；（d）曲线 4 的金相组织（冷速 Ac_3-RT，1000℃/h）；
（e）曲线 5 的金相组织（冷速 Ac_3-RT，500℃/h）；（f）曲线 6 的金相组织（冷速 Ac_3-RT，100℃/h）

6.1.20 33Cr4SiMnNiMoWNb（CCT）

33Cr4SiMnNiMoWNb 的成分如表 6-20 所示。

表 6-20 33Cr4SiMnNiMoWNb 的化学成分

化学成分（质量分数）/%							
C	Si	Mn	Cr	Ni	Mo	W	Nb
0.33	1.35	0.55	3.5	1.0	0.45	0.70	0.03
原始状态：退火				奥氏体化：900℃，5min			

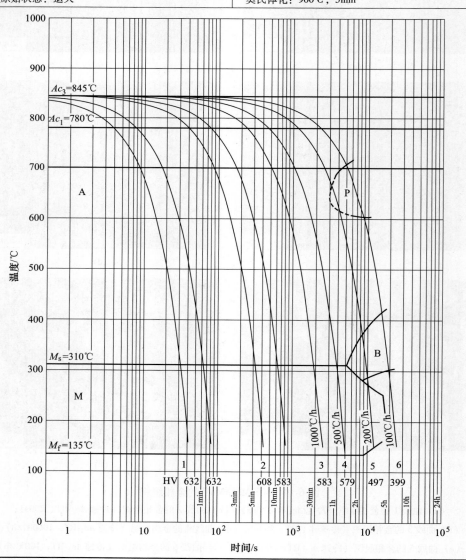

33Cr4SiMnNiMoWNb 的金相组织如图 6-20 所示。

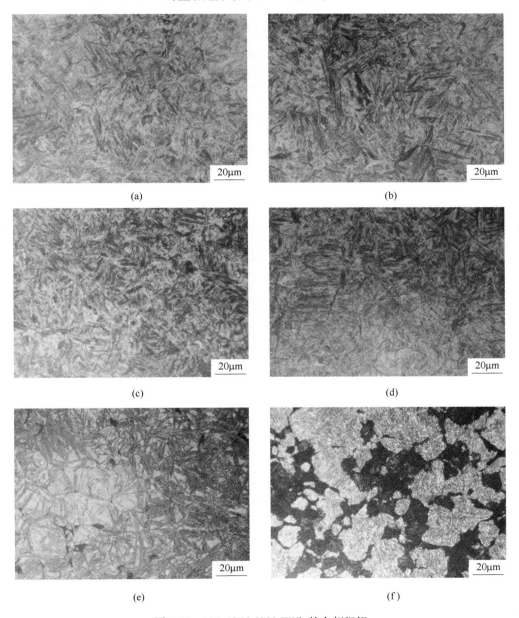

(a)　　　　　　　　　　　　　　　　　(b)

(c)　　　　　　　　　　　　　　　　　(d)

(e)　　　　　　　　　　　　　　　　　(f)

图 6-20　33Cr4SiMnNiMoWNb 的金相组织

（a）曲线 1 的金相组织（冷速 Ac_3-RT，50s）；（b）曲线 2 的金相组织（冷速 Ac_3-RT，500s）；
（c）曲线 3 的金相组织（冷速 Ac_3-RT，1000℃/h）；（d）曲线 4 的金相组织（冷速 Ac_3-RT，500℃/h）；
（e）曲线 5 的金相组织（冷速 Ac_3-RT，200℃/h）；（f）曲线 6 的金相组织（冷速 Ac_3-RT，100℃/h）

6.1.21   33Cr4SiMnNiMoWNb（TTT）

33Cr4SiMnNiMoWNb 的成分如表 6-21 所示。

表 6-21   33Cr4SiMnNiMoWNb 的化学成分

化学成分（质量分数）/%							
C	Si	Mn	Cr	Ni	Mo	W	Nb
0.33	1.35	0.55	3.5	1.0	0.45	0.70	0.03
原始状态：退火				奥氏体化：900℃，5min			

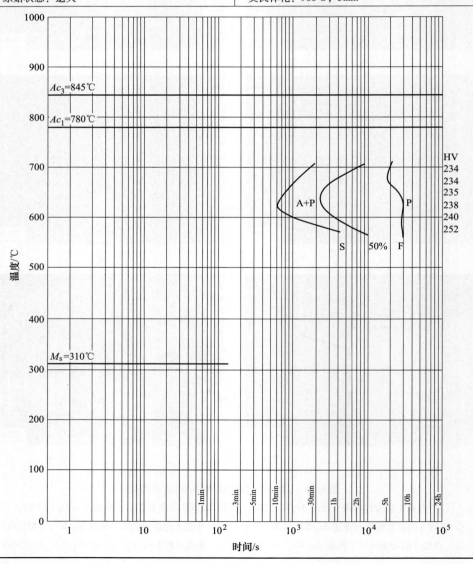

33Cr4SiMnNiMoWNb 的金相组织如图 6-21 所示。

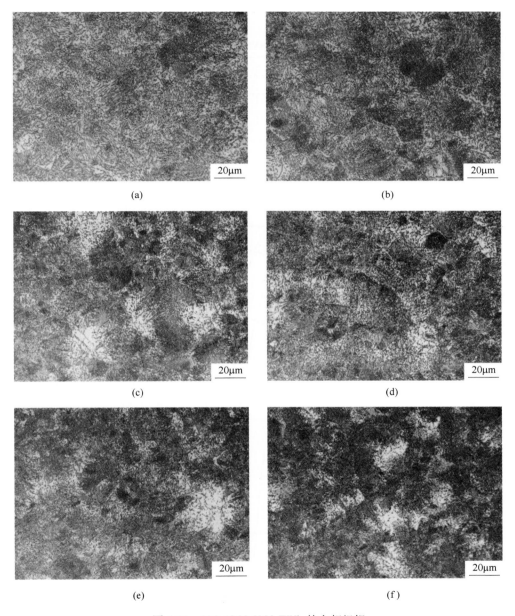

(a)

(b)

(c)

(d)

(e)

(f)

图 6-21 33Cr4SiMnNiMoWNb 的金相组织

（a）曲线金相组织（等温温度 700℃）；（b）曲线金相组织（等温温度 675℃）；

（c）曲线金相组织（等温温度 650℃）；（d）曲线金相组织（等温温度 625℃）；

（e）曲线金相组织（等温温度 600℃）；（f）曲线金相组织（等温温度 575℃）

6.1.22 36MnVS4（CCT）

36MnVS4 的成分如表 6-22 所示。

表 6-22 36MnVS4 的化学成分

化学成分（质量分数）/%							
C	Si	Mn	P	Cr	V	N	S
0.36	0.66	0.97	0.021	0.18	0.29	0.010	0.027
原始状态：退火				奥氏体化：900℃，10min			

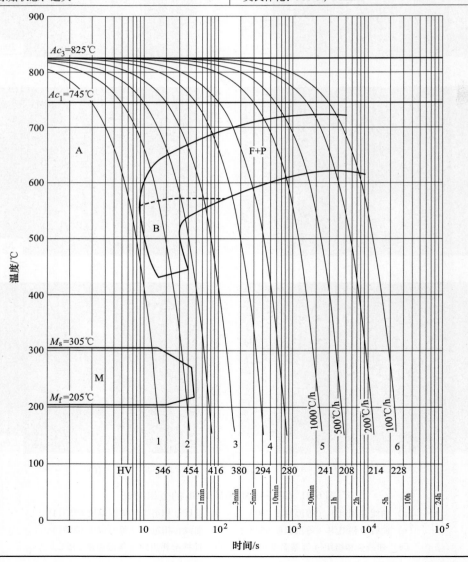

36MnVS4 的金相组织如图 6-22 所示。

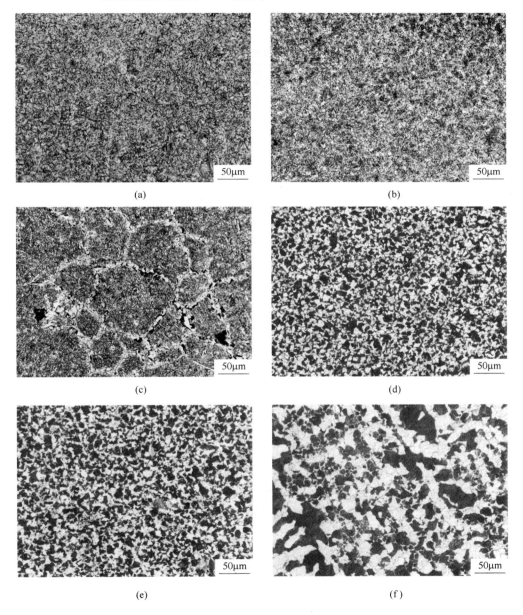

图 6-22 36MnVS4 的金相组织

（a）曲线 1 的金相组织（冷速 Ac_3-RT，20s）；（b）曲线 2 的金相组织（冷速 Ac_3-RT，50s）；

（c）曲线 3 的金相组织（冷速 Ac_3-RT，200s）；（d）曲线 4 的金相组织（冷速 Ac_3-RT，500s）；

（e）曲线 5 的金相组织（冷速 Ac_3-RT，1000℃/h）；（f）曲线 6 的金相组织（冷速 Ac_3-RT，100℃/h）

6.1.23 38MnS6（CCT）

38MnS6 的成分如表 6-23 所示。

表 6-23 38MnS6 的化学成分

化学成分（质量分数）/%					
C	Si	Mn	P	S	Cr
0.38	0.57	1.42	0.019	0.069	0.14
原始状态：热轧			奥氏体化：880℃，5min		

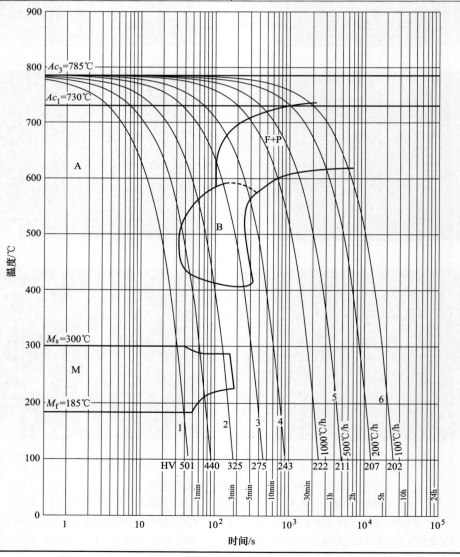

38MnS6 的金相组织如图 6-23 所示。

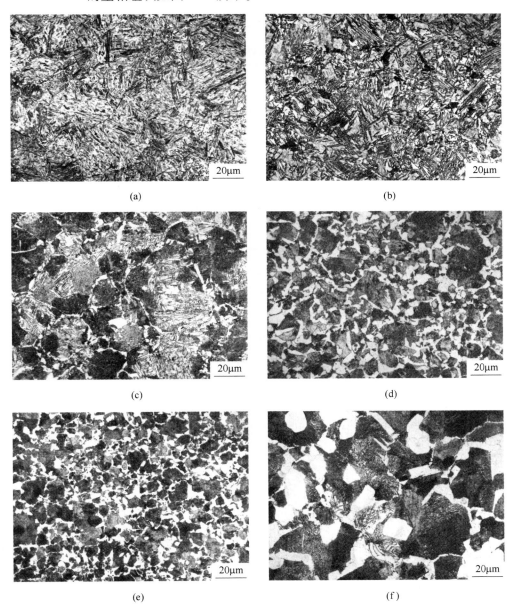

图 6-23　38MnS6 的金相组织

（a）曲线 1 的金相组织（冷速 Ac_3-RT，50s）；（b）曲线 2 的金相组织（冷速 Ac_3-RT，200s）；

（c）曲线 3 的金相组织（冷速 Ac_3-RT，500s）；（d）曲线 4 的金相组织（冷速 Ac_3-RT，1000s）；

（e）曲线 5 的金相组织（冷速 Ac_3-RT，500℃/h）；（f）曲线 6 的金相组织（冷速 Ac_3-RT，100℃/h）

6.1.24　38MnVS6（TTT）

38MnVS6 的成分如表 6-24 所示。

表 6-24　38MnVS6 的化学成分

化学成分（质量分数）/%								
C	Si	Mn	P	S	Cr	Cu	Ti	V
0.43	0.623	1.451	0.015	0.033	0.198	0.139	0.017	0.113
原始状态：退火			奥氏体化：860℃，5min					

38MnVS6 的金相组织如图 6-24 所示。

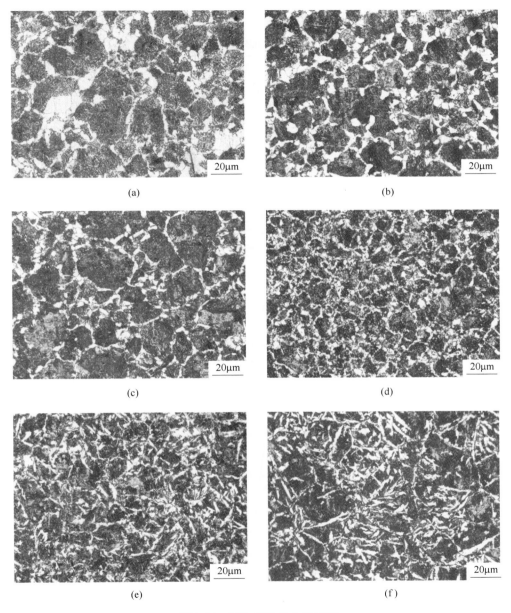

图 6-24　38MnVS6 的金相组织

（a）曲线金相组织（等温温度 650℃）；（b）曲线金相组织（等温温度 625℃）；
（c）曲线金相组织（等温温度 600℃）；（d）曲线金相组织（等温温度 575℃）；
（e）曲线金相组织（等温温度 525℃）；（f）曲线金相组织（等温温度 500℃）

6.1.25 40Mn2B（CCT）

40Mn2B 的成分如表 6-25 所示。

表 6-25 40Mn2B 的化学成分

化学成分（质量分数）/%							
C	Si	Mn	P	S	Cr	Ti	B
0.41	0.31	1.56	0.014	0.038	0.39	0.028	0.0025
原始状态：轧态				奥氏体化：880℃，5min			

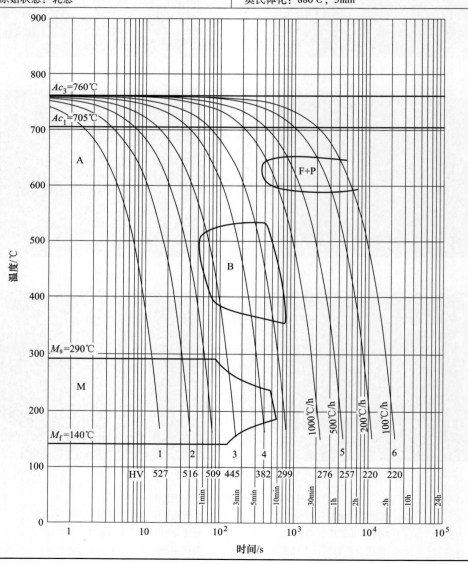

40Mn2B 的金相组织如图 6-25 所示。

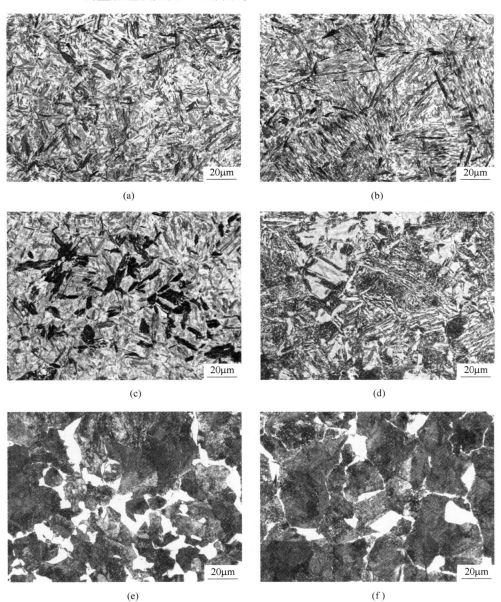

图 6-25　40Mn2B 的金相组织

（a）曲线 1 的金相组织（冷速 Ac_3-RT，20s）；（b）曲线 2 的金相组织（冷速 Ac_3-RT，50s）；

（c）曲线 3 的金相组织（冷速 Ac_3-RT，200s）；（d）曲线 4 的金相组织（冷速 Ac_3-RT，500s）；

（e）曲线 5 的金相组织（冷速 Ac_3-RT，500℃/h）；（f）曲线 6 的金相组织（冷速 Ac_3-RT，100℃/h）

6.1.26 40MnVBS（CCT）

40MnVBS 的成分如表 6-26 所示。

表 6-26 40MnVBS 的化学成分

化学成分（质量分数）/%							
C	Si	Mn	P	S	V	Ti	B
0.44	0.26	1.48	0.015	0.024	0.11	0.027	0.0016
原始状态：轧态				奥氏体化：900℃，5min			

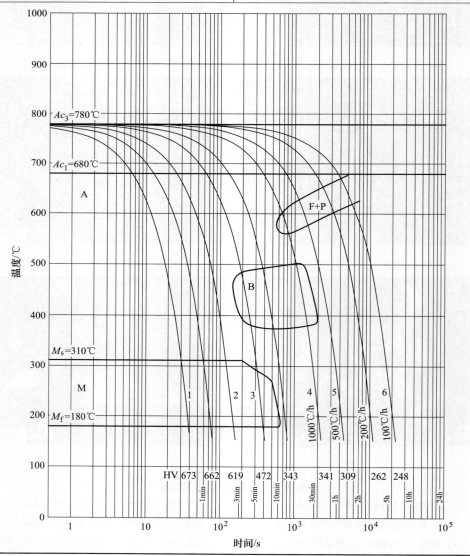

40MnVBS 的金相组织如图 6-26 所示。

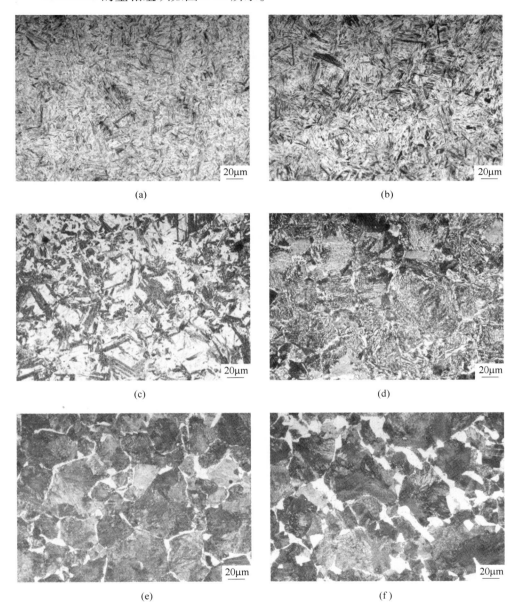

图 6-26　40MnVBS 的金相组织

（a）曲线 1 的金相组织（冷速 Ac_3-RT，50s）；（b）曲线 2 的金相组织（冷速 Ac_3-RT，200s）；

（c）曲线 3 的金相组织（冷速 Ac_3-RT，500s）；（d）曲线 4 的金相组织（冷速 Ac_3-RT，1000℃/h）；

（e）曲线 5 的金相组织（冷速 Ac_3-RT，500℃/h）；（f）曲线 6 的金相组织（冷速 Ac_3-RT，100℃/h）

6.1.27　42CrMo（CCT）

42CrMo 的成分如表 6-27 所示。

表 6-27　42CrMo 的化学成分

化学成分（质量分数）/%							
C	Si	Mn	P	S	Cr	Mo	N
0.39	0.29	0.84	0.0067	0.0033	1.10	0.23	0.0015
原始状态：锻态				奥氏体化：870℃，5min			

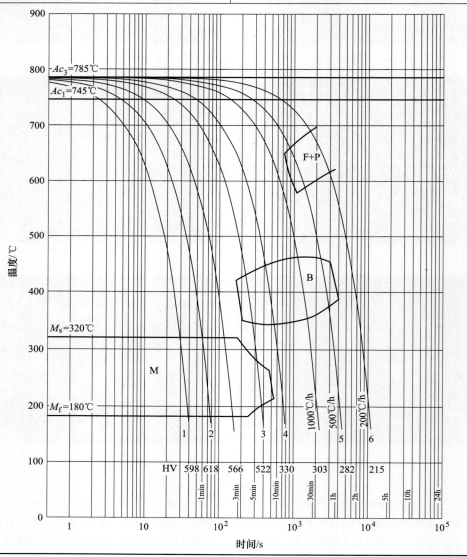

42CrMo 的金相组织如图 6-27 所示。

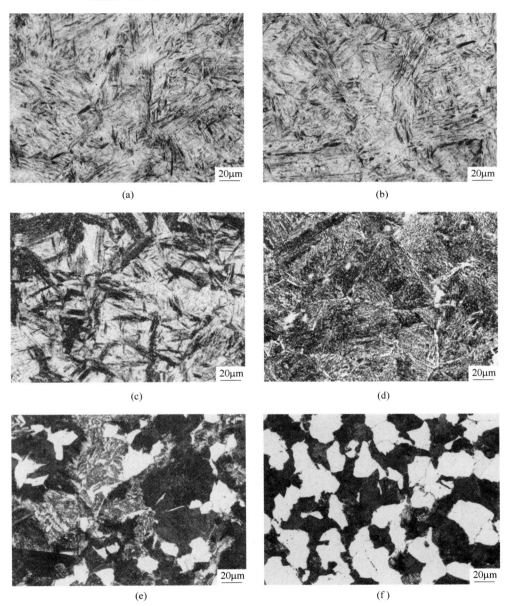

图 6-27　42CrMo 的金相组织

（a）曲线 1 的金相组织（冷速 Ac_3-RT，50s）；（b）曲线 2 的金相组织（冷速 Ac_3-RT，100s）；

（c）曲线 3 的金相组织（冷速 Ac_3-RT，500s）；（d）曲线 4 的金相组织（冷速 Ac_3-RT，1000s）；

（e）曲线 5 的金相组织（冷速 Ac_3-RT，500℃/h）；（f）曲线 6 的金相组织（冷速 Ac_3-RT，200℃/h）

6.1.28　42CrMo（TTT）

42CrMo 的成分如表 6-28 所示。

表 6-28　42CrMo 的化学成分

化学成分（质量分数）/%							
C	Si	Mn	P	S	Cr	Mo	N
0.39	0.29	0.84	0.0067	0.0033	1.10	0.23	0.0015
原始状态：锻态				奥氏体化：870℃，5min			

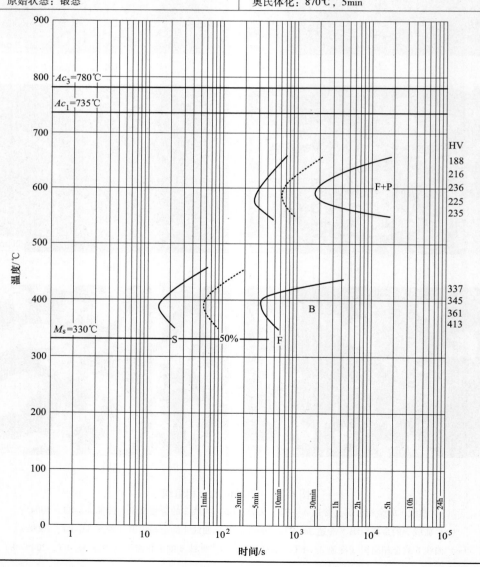

42CrMo 的金相组织如图 6-28 所示。

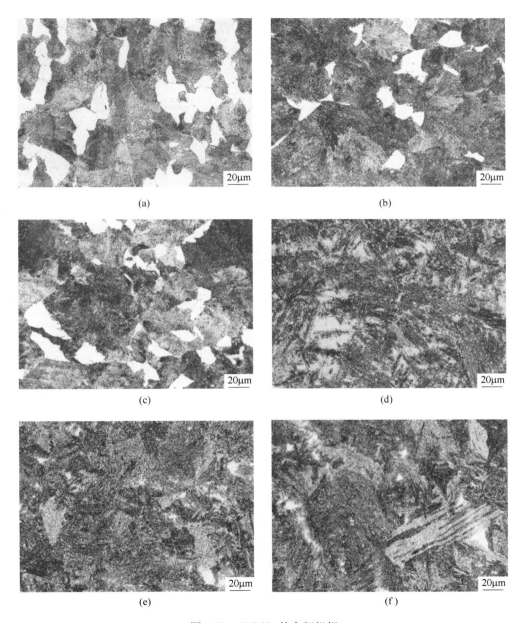

图 6-28　42CrMo 的金相组织

（a）曲线金相组织（等温温度 650℃）；（b）曲线金相组织（等温温度 625℃）；

（c）曲线金相组织（等温温度 600℃）；（d）曲线金相组织（等温温度 425℃）；

（e）曲线金相组织（等温温度 400℃）；（f）曲线金相组织（等温温度 375℃）

6.1.29　45GV（CCT）

45GV 的成分如表 6-29 所示。

表 6-29　45GV 的化学成分

化学成分（质量分数）/%										
C	Si	Mn	P	S	Cr	Ni	Cu	Mo	V	Al
0.42	0.28	0.75	0.027	0.002	0.55	0.18	0.02	0.10	0.11	0.036
原始状态：热处理					奥氏体化：860℃，5min					

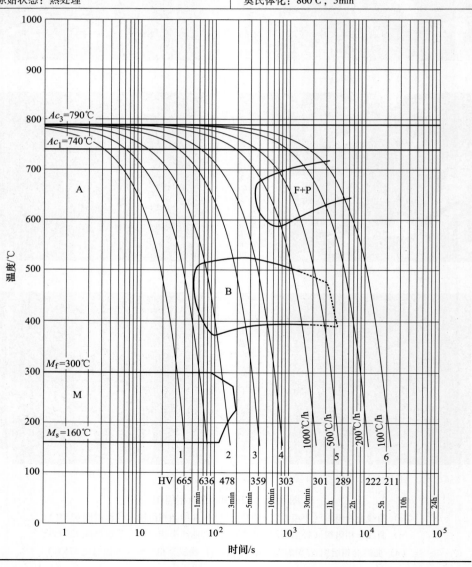

45GV 的金相组织如图 6-29 所示。

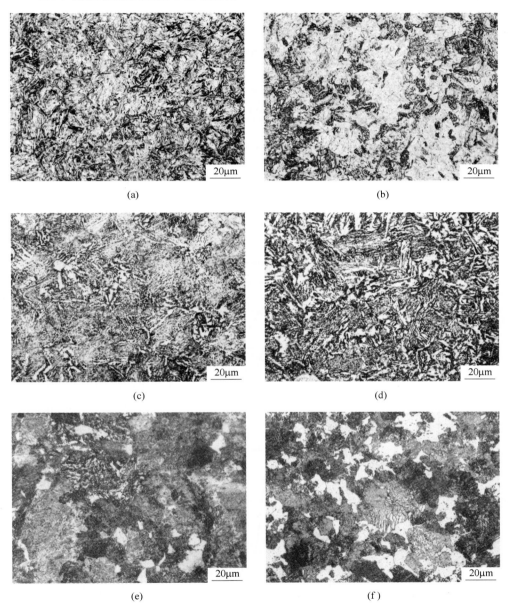

图 6-29　45GV 的金相组织

（a）曲线 1 的金相组织（冷速 Ac_3-RT，50s）；（b）曲线 2 的金相组织（冷速 Ac_3-RT，200s）；

（c）曲线 3 的金相组织（冷速 Ac_3-RT，500s）；（d）曲线 4 的金相组织（冷速 Ac_3-RT，1000s）；

（e）曲线 5 的金相组织（冷速 Ac_3-RT，500℃/h）；（f）曲线 6 的金相组织（冷速 Ac_3-RT，100℃/h）

6.1.30 48MnV（CCT）

48MnV 的成分如表 6-30 所示。

表 6-30 48MnV 的化学成分

化学成分（质量分数）/%								
C	Si	Mn	P	S	Cr	Ni	Cu	Ti
0.48	0.25	1.06	0.013	0.013	0.15	0.01	0.02	0.01
原始状态：热轧				奥氏体化：880℃，5min				

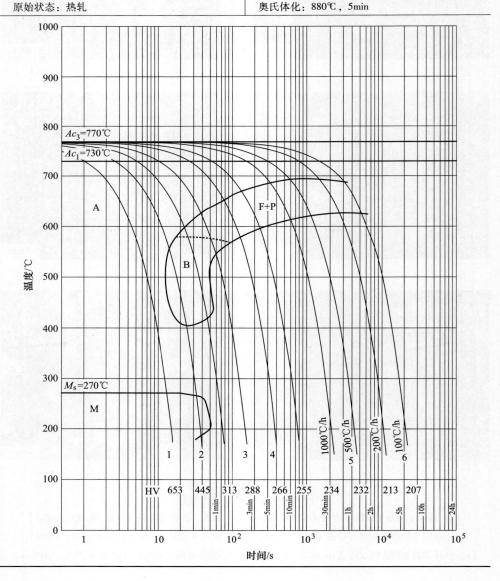

48MnV 的金相组织如图 6-30 所示。

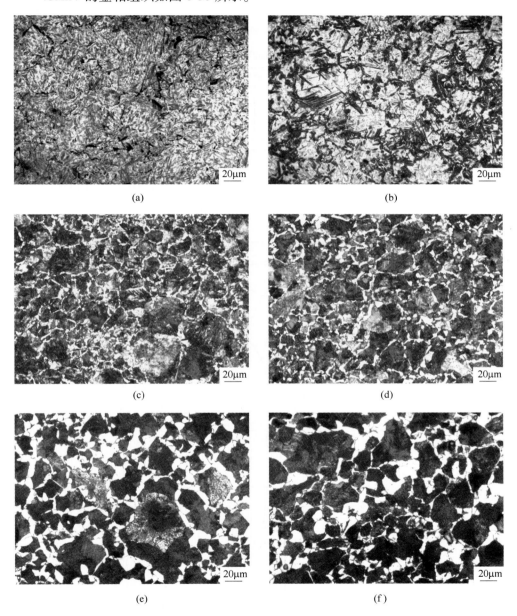

图 6-30　48MnV 的金相组织

（a）曲线 1 的金相组织（冷速 Ac_3-RT，20s）；（b）曲线 2 的金相组织（冷速 Ac_3-RT，50s）；

（c）曲线 3 的金相组织（冷速 Ac_3-RT，200s）；（d）曲线 4 的金相组织（冷速 Ac_3-RT，500s）；

（e）曲线 5 的金相组织（冷速 Ac_3-RT，500℃/h）；（f）曲线 6 的金相组织（冷速 Ac_3-RT，100℃/h）

6.1.31 50Mn2V（CCT）

50Mn2V 的成分如表 6-31 所示。

表 6-31 50Mn2V 的化学成分

化学成分（质量分数）/%					
C	Si	Mn	P	S	V
0.49	0.2	1.55	0.01	0.002	0.14
原始状态：轧态			奥氏体化：820℃，5min		

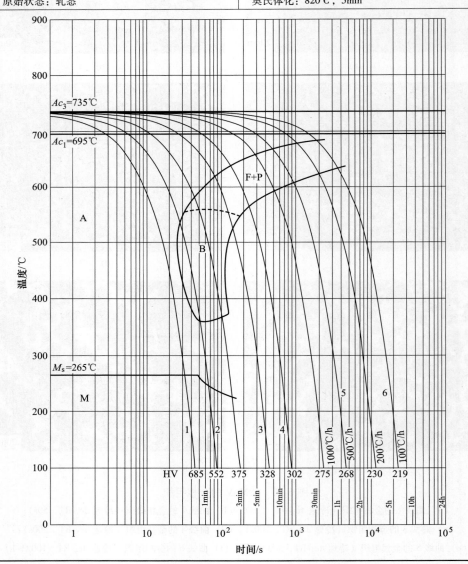

50Mn2V 的金相组织如图 6-31 所示。

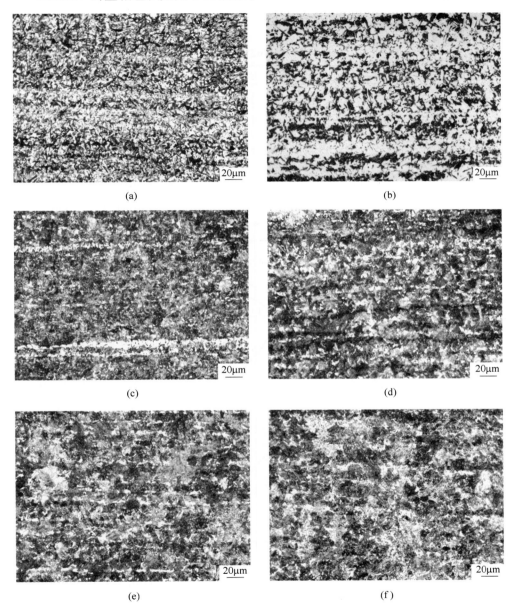

图 6-31 50Mn2V 的金相组织

（a）曲线 1 的金相组织（冷速 Ac_3-RT，20s）；（b）曲线 2 的金相组织（冷速 Ac_3-RT，50s）；

（c）曲线 3 的金相组织（冷速 Ac_3-RT，500s）；（d）曲线 4 的金相组织（冷速 Ac_3-RT，1000s）；

（e）曲线 5 的金相组织（冷速 Ac_3-RT，500℃/h）；（f）曲线 6 的金相组织（冷速 Ac_3-RT，100℃/h）

6.1.32 50Mn2V（TTT）

50Mn2V 的成分如表6-32所示。

表6-32 50Mn2V 的化学成分

化学成分（质量分数）/%					
C	Si	Mn	P	S	V
0.49	0.2	1.55	0.01	0.002	0.14
原始状态：轧态			奥氏体化：820℃，5min		

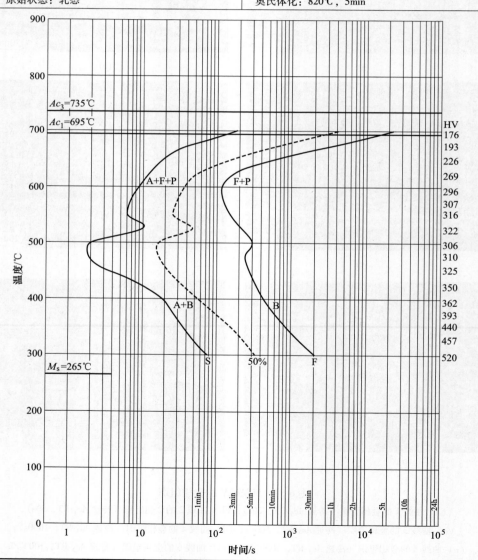

50Mn2V 的金相组织如图 6-32 所示。

图 6-32　50Mn2V 的金相组织

（a）曲线金相组织（等温温度 675℃）；（b）曲线金相组织（等温温度 625℃）；
（c）曲线金相组织（等温温度 575℃）；（d）曲线金相组织（等温温度 550℃）；
（e）曲线金相组织（等温温度 375℃）；（f）曲线金相组织（等温温度 325℃）

6.1.33 56SiCr7（CCT）

56SiCr7 的成分如表 6-33 所示。

表 6-33 56SiCr7 的化学成分

化学成分（质量分数）/%					
C	Si	Mn	S	P	Cr
0.56	1.95	0.91	0.015	0.011	0.25
原始状态：轧态			奥氏体化：860℃，5min		

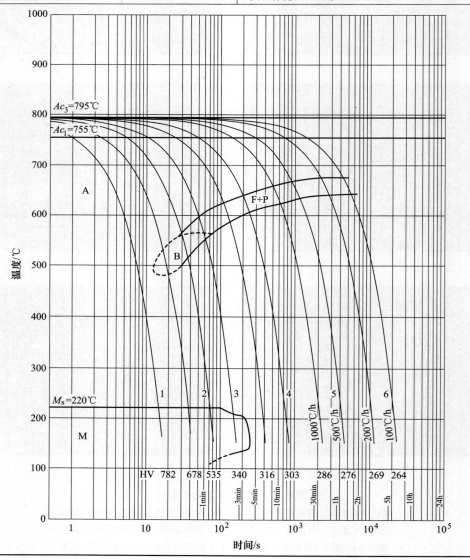

56SiCr7 的金相组织如图 6-33 所示。

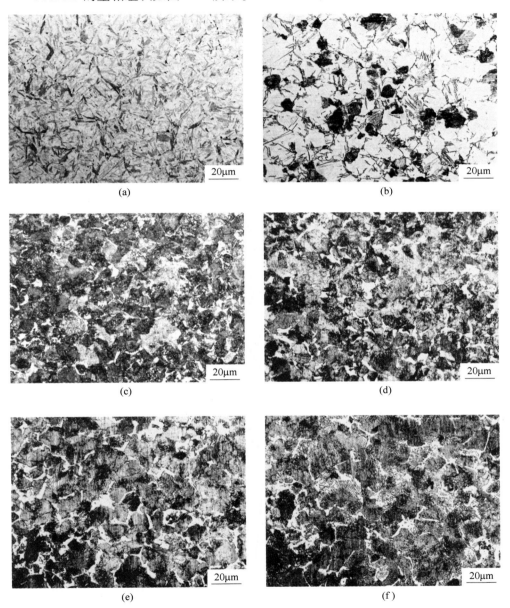

图 6-33　56SiCr7 的金相组织

（a）曲线 1 的金相组织（冷速 Ac_3-RT，20s）；（b）曲线 2 的金相组织（冷速 Ac_3-RT，100s）；

（c）曲线 3 的金相组织（冷速 Ac_3-RT，200s）；（d）曲线 4 的金相组织（冷速 Ac_3-RT，1000s）；

（e）曲线 5 的金相组织（冷速 Ac_3-RT，500℃/h）；（f）曲线 6 的金相组织（冷速 Ac_3-RT，100℃/h）

6.1.34 SG4201（CCT）

SG4201 的成分如表 6-34 所示。

表 6-34 SG4201 的化学成分

化学成分（质量分数）/%								
C	Si	Mn	Cr	V	Nb	S	P	Al
0.43	0.45	1.34	0.25	0.054	0.021	0.040	0.02	0.025
原始状态：退火				奥氏体化：950℃，5min				

SG4201 的金相组织如图 6-34 所示。

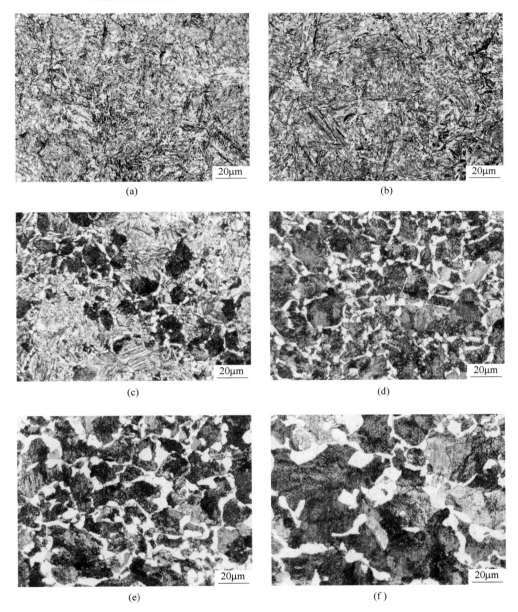

图 6-34 SG4201 的金相组织

（a）曲线 1 的金相组织（冷速 Ac_3-RT，20s）；（b）曲线 2 的金相组织（冷速 Ac_3-RT，50s）；

（c）曲线 3 的金相组织（冷速 Ac_3-RT，200s）；（d）曲线 4 的金相组织（冷速 Ac_3-RT，500s）；

（e）曲线 5 的金相组织（冷速 Ac_3-RT，1000℃/h）；（f）曲线 6 的金相组织（冷速 Ac_3-RT，200℃/h）

6.1.35 C38N2（CCT）

C38N2 的成分如表 6-35 所示。

表 6-35 C38N2 的化学成分

化学成分（质量分数）/%							
C	Si	Mn	Cr	N	S	P	Al
0.36	0.50	1.30	0.10	0.015	0.020	0.025	0.003
原始状态：退火				奥氏体化：920℃，5min			

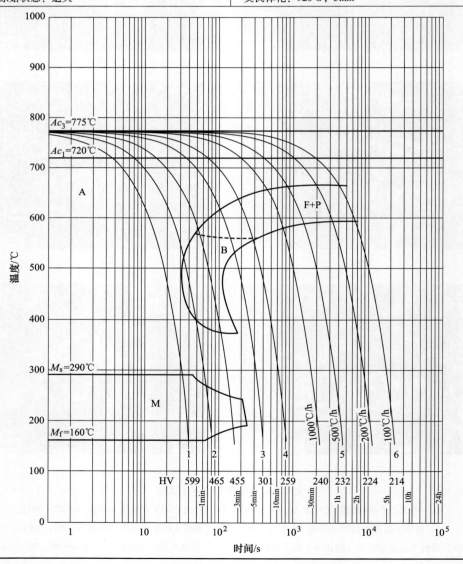

C38N2 的金相组织如图 6-35 所示。

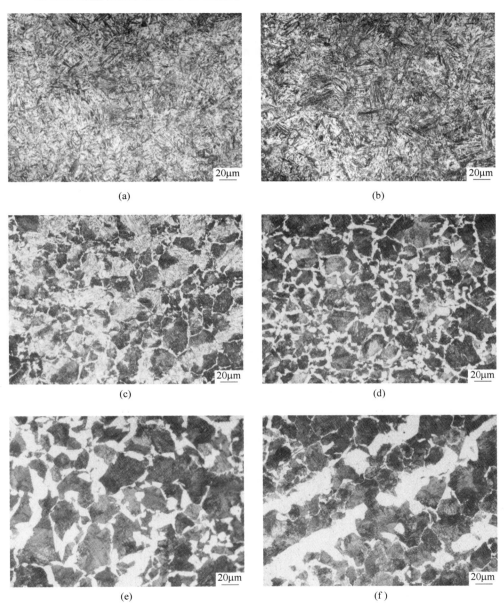

图 6-35 C38N2 的金相组织

(a) 曲线 1 的金相组织（冷速 Ac_3-RT，50s）；(b) 曲线 2 的金相组织（冷速 Ac_3-RT，100s）；

(c) 曲线 3 的金相组织（冷速 Ac_3-RT，500s）；(d) 曲线 4 的金相组织（冷速 Ac_3-RT，1000s）；

(e) 曲线 5 的金相组织（冷速 Ac_3-RT，500℃/h）；(f) 曲线 6 的金相组织（冷速 Ac_3-RT，100℃/h）

6.1.36 CM690（CCT）

CM690 的成分如表 6-36 所示。

表 6-36 CM690 的化学成分

化学成分（质量分数）/%									
C	Si	P	S	Mn	Cr	Ni	Mo	Ti	V
0.33	0.26	0.008	0.003	1.47	0.20	0.20	0.001	0.017	0.009
原始状态：轧态				奥氏体化：900℃，5min					

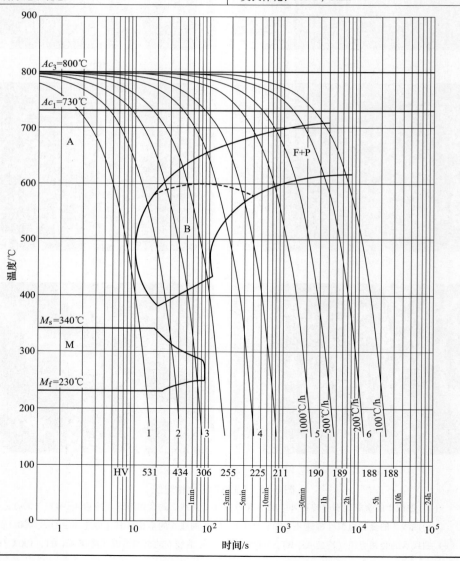

CM690 的金相组织如图 6-36 所示。

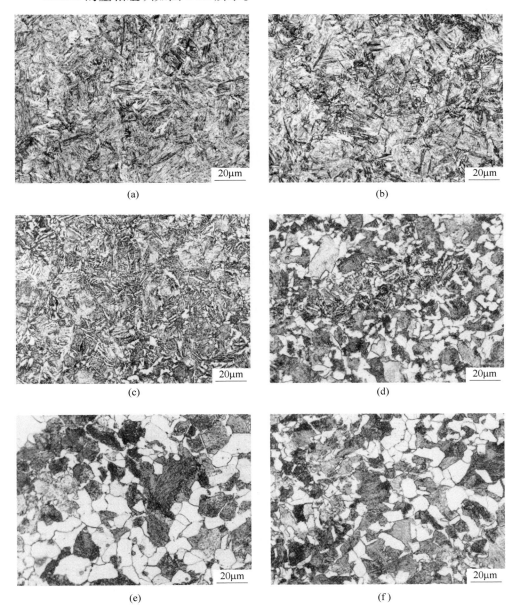

图 6-36 CM690 的金相组织

(a) 曲线 1 的金相组织（冷速 Ac_3-RT，20s）；(b) 曲线 2 的金相组织（冷速 Ac_3-RT，50s）；

(c) 曲线 3 的金相组织（冷速 Ac_3-RT，100s）；(d) 曲线 4 的金相组织（冷速 Ac_3-RT，500s）；

(e) 曲线 5 的金相组织（冷速 Ac_3-RT，1000℃/h）；(f) 曲线 6 的金相组织（冷速 Ac_3-RT，200℃/h）

6.2 合金工具钢

6.2.1 C8WMo2VSi（CCT）

C8WMo2VSi 的成分如表 6-37 所示。

表 6-37 C8WMo2VSi 的化学成分

化学成分（质量分数）/%								
C	Si	Mn	P	S	Cr	Mo	V	N
0.96	0.93	0.31	0.004	0.003	9.98	2.01	0.28	0.0044
原始状态：退火				奥氏体化：1040℃，5min				

C8WMo2VSi 的金相组织如图 6-37 所示。

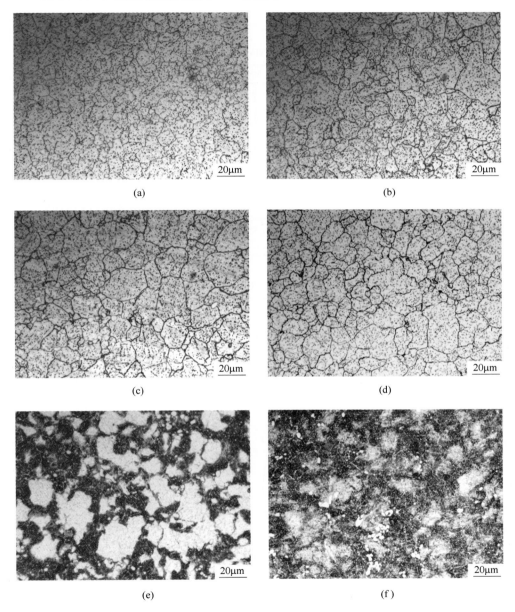

图 6-37 C8WMo2VSi 的金相组织

（a）曲线 1 的金相组织（冷速 Ac_3-RT，50s）；（b）曲线 2 的金相组织（冷速 Ac_3-RT，200s）；
（c）曲线 3 的金相组织（冷速 Ac_3-RT，1000s）；（d）曲线 4 的金相组织（冷速 Ac_3-RT，500℃/h）；
（e）曲线 5 的金相组织（冷速 Ac_3-RT，200℃/h）；（f）曲线 6 的金相组织（冷速 Ac_3-RT，100℃/h）

6.2.2　3Cr17NiMoV（CCT）

3Cr17NiMoV 的成分如表 6-38 所示。

表 6-38　3Cr17NiMoV 的化学成分

化学成分（质量分数）/%									
C	Si	Mn	P	S	Cr	Mo	V	Ni	Cu
0.39	0.39	0.7	0.018	0.004	16.68	1.11	0.215	0.73	0.09
原始状态：退火					奥氏体化：1050℃，10min				

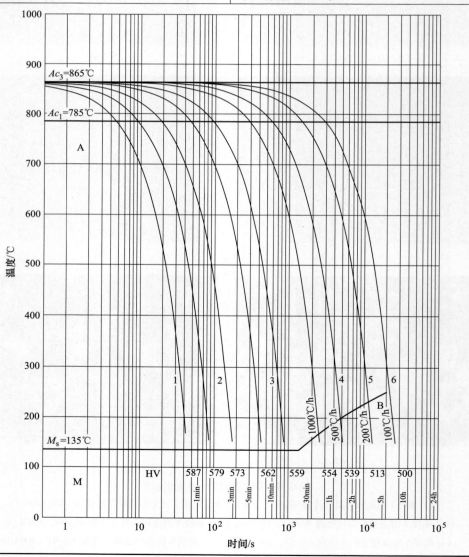

3Cr17NiMoV 的金相组织如图 6-38 所示。

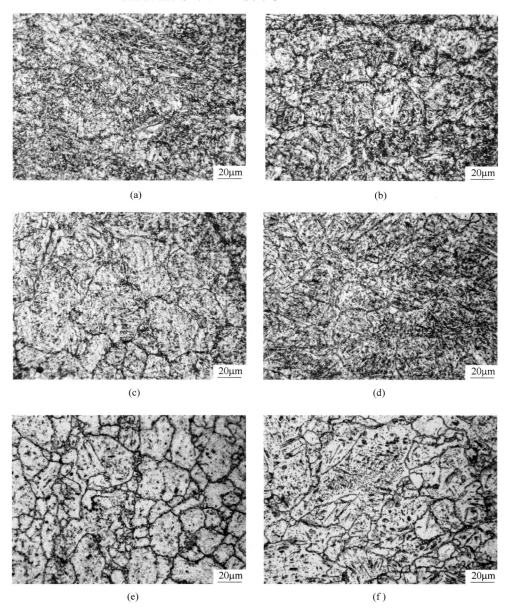

图 6-38　3Cr17NiMoV 的金相组织

（a）曲线 1 的金相组织（冷速 Ac_3-RT，50s）；（b）曲线 2 的金相组织（冷速 Ac_3-RT，200s）；
（c）曲线 3 的金相组织（冷速 Ac_3-RT，1000s）；（d）曲线 4 的金相组织（冷速 Ac_3-RT，500℃/s）；
（e）曲线 5 的金相组织（冷速 Ac_3-RT，200℃/h）；（f）曲线 6 的金相组织（冷速 Ac_3-RT，100℃/h）

6.2.3　4Cr5Mo2VCo（CCT）

4Cr5Mo2VCo 的成分如表 6-39 所示。

表 6-39　4Cr5Mo2VCo 的化学成分

化学成分（质量分数）/%							
C	Si	Mn	P	S	Cr	Mo	V
0.38	0.36	0.46	0.0096	0.006	5.08	1.82	0.52
原始状态：退火				奥氏体化：1025℃，5min			

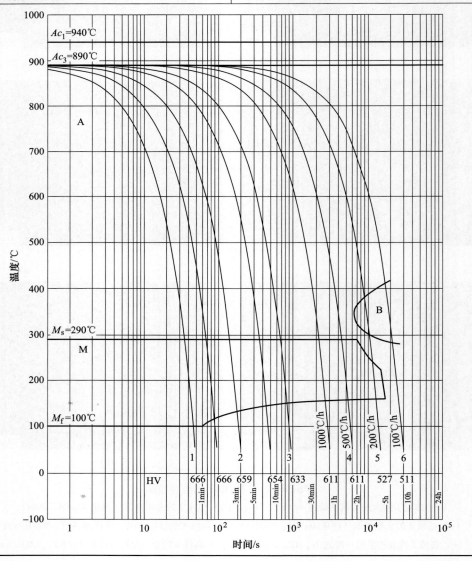

4Cr5Mo2VCo 的金相组织如图 6-39 所示。

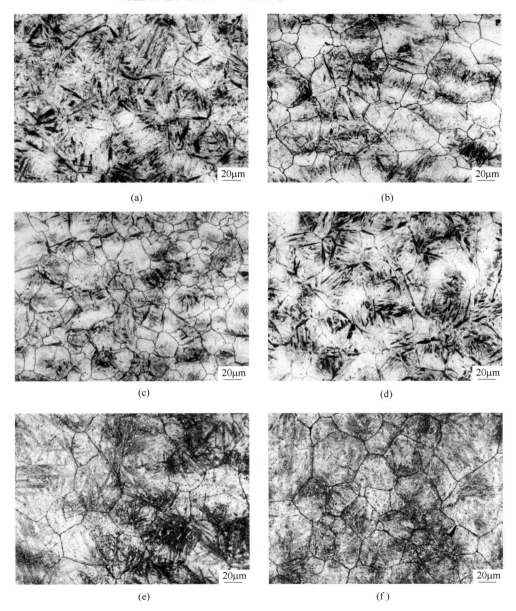

图 6-39　4Cr5Mo2VCo 的金相组织

（a）曲线 1 的金相组织（冷速 Ac_3-RT，50s）；（b）曲线 2 的金相组织（冷速 Ac_3-RT，200s）；

（c）曲线 3 的金相组织（冷速 Ac_3-RT，1000s）；（d）曲线 4 的金相组织（冷速 Ac_3-RT，500℃/h）；

（e）曲线 5 的金相组织（冷速 Ac_3-RT，200℃/h）；（f）曲线 6 的金相组织（冷速 Ac_3-RT，100℃/h）

6.2.4　4Cr5MoVNb（CCT）

4Cr5MoVNb 的成分如表 6-40 所示。

表 6-40　4Cr5MoVNb 的化学成分

化学成分（质量分数）/%								
C	Si	Mn	P	S	Cr	Mo	V	Nb
0.4	0.26	0.31	0.011	0.005	5.12	1.43	0.52	0.15
原始状态：退火				奥氏体化：1030℃，5min				

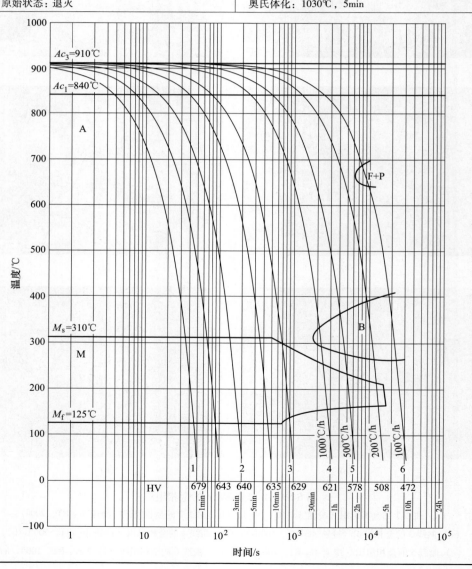

4Cr5MoVNb 的金相组织如图 6-40 所示。

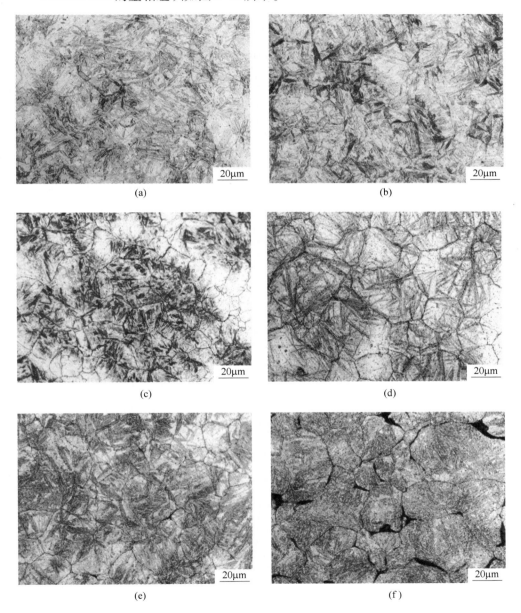

图 6-40　4Cr5MoVNb 的金相组织

（a）曲线 1 的金相组织（冷速 Ac_3-RT，50s）；（b）曲线 2 的金相组织（冷速 Ac_3-RT，200s）；
（c）曲线 3 的金相组织（冷速 Ac_3-RT，1000s）；（d）曲线 4 的金相组织（冷速 Ac_3-RT，1000℃/h）；
（e）曲线 5 的金相组织（冷速 Ac_3-RT，500℃/h）；（f）曲线 6 的金相组织（冷速 Ac_3-RT，100℃/h）

6.2.5 4Cr5SiWMoVNb（CCT）

4Cr5SiWMoVNb 的成分如表 6-41 所示。

表 6-41 4Cr5SiWMoVNb 的化学成分

化学成分（质量分数）/%									
C	Si	Mn	P	S	Cr	Mo	V	W	Nb
0.41	1.05	0.39	0.007	0.006	4.78	0.52	0.29	1.04	0.14
原始状态：退火					奥氏体化：1030℃，5min				

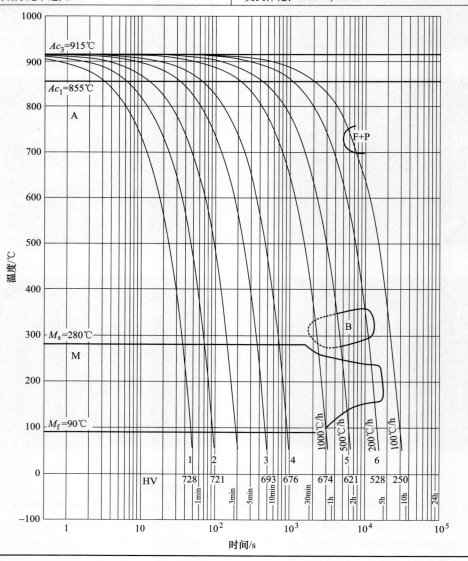

4Cr5SiWMoVNb 的金相组织如图 6-41 所示。

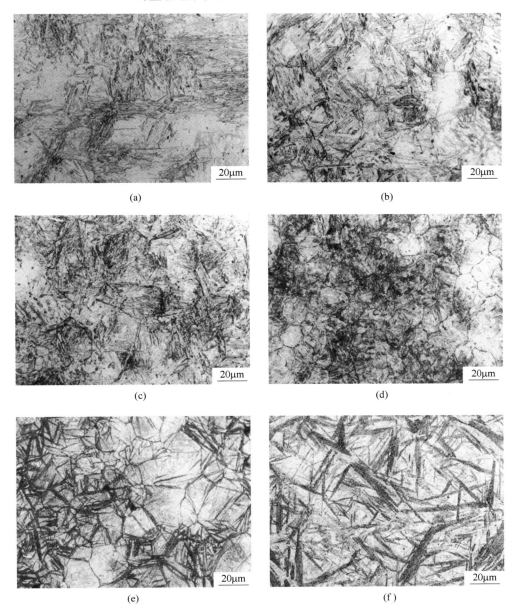

(a)

(b)

(c)

(d)

(e)

(f)

图 6-41　4Cr5SiWMoVNb 的金相组织

（a）曲线 1 的金相组织（冷速 Ac_3-RT，50s）；（b）曲线 2 的金相组织（冷速 Ac_3-RT，100s）；

（c）曲线 3 的金相组织（冷速 Ac_3-RT，500s）；（d）曲线 4 的金相组织（冷速 Ac_3-RT，1000s）；

（e）曲线 5 的金相组织（冷速 Ac_3-RT，500℃/h）；（f）曲线 6 的金相组织（冷速 Ac_3-RT，200℃/h）

6.2.6　7CrMn2Mo（CCT）

7CrMn2Mo 的成分如表 6-42 所示。

表 6-42　7CrMn2Mo 的化学成分

化学成分（质量分数）/%							
C	Si	Mn	P	S	Cr	Mo	Cu
0.68	0.28	1.98	0.005	0.005	1.28	1.14	0.03
原始状态：退火				奥氏体化：850℃，5min			

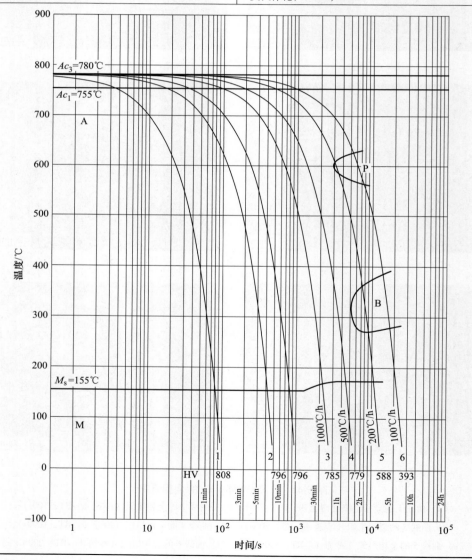

7CrMn2Mo 的金相组织如图 6-42 所示。

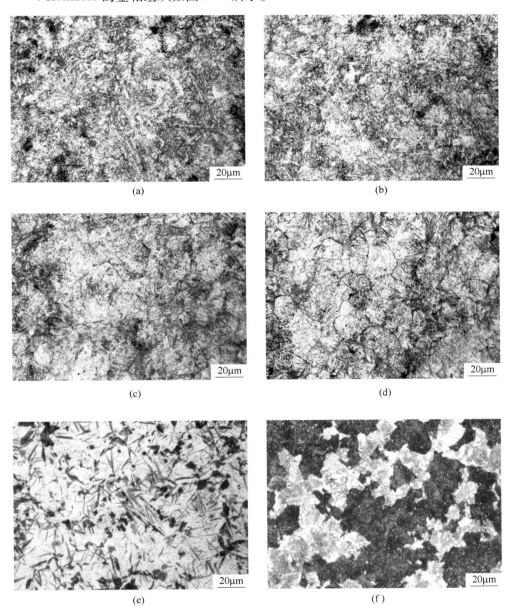

图 6-42　7CrMn2Mo 的金相组织

（a）曲线 1 的金相组织（冷速 Ac_3-RT，100s）；（b）曲线 2 的金相组织（冷速 Ac_3-RT，500s）；

（c）曲线 3 的金相组织（冷速 Ac_3-RT，1000℃/h）；（d）曲线 4 的金相组织（冷速 Ac_3-RT，500℃/h）；

（e）曲线 5 的金相组织（冷速 Ac_3-RT，200℃/h）；（f）曲线 6 的金相组织（冷速 Ac_3-RT，100℃/h）

6.2.7 25Cr3Mo2WNiVNb（CCT）

25Cr3Mo2WNiVNb 的成分如表 6-43 所示。

表 6-43 25Cr3Mo2WNiVNb 的化学成分

化学成分（质量分数）/%								
C	Si	Mn	Cr	W	Ni	Mo	V	Nb
0.30	0.04	0.07	2.72	0.53	1.50	1.98	0.31	0.1
原始状态：退火				奥氏体化：950℃，10min				

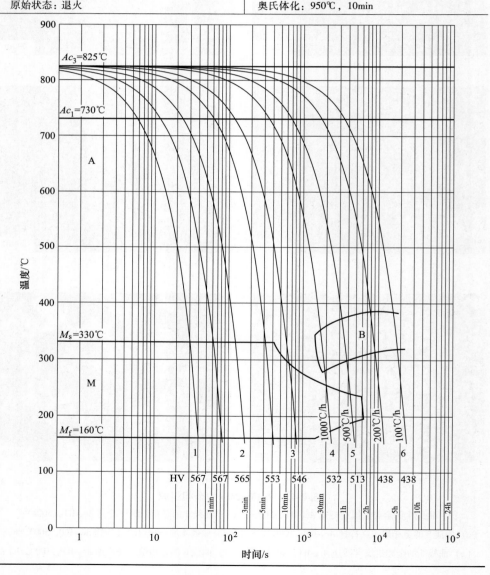

25Cr3Mo2WNiVNb 的金相组织如图 6-43 所示。

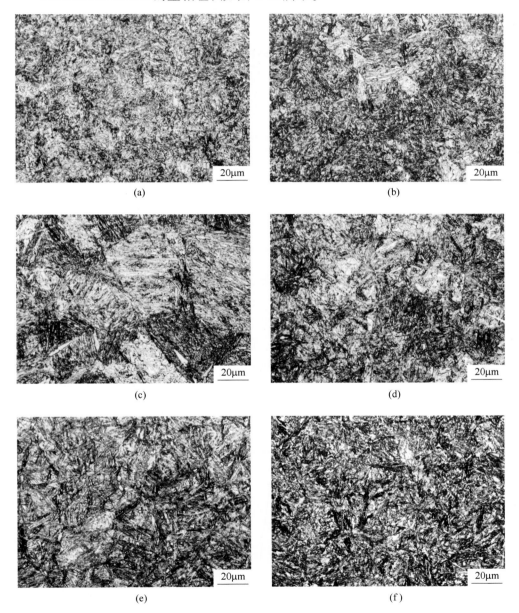

图 6-43 25Cr3Mo2WNiVNb 的金相组织

（a）曲线 1 的金相组织（冷速 Ac_3-RT，50s）；（b）曲线 2 的金相组织（冷速 Ac_3-RT，200s）；

（c）曲线 3 的金相组织（冷速 Ac_3-RT，1000s）；（d）曲线 4 的金相组织（冷速 Ac_3-RT，1000℃/h）；

（e）曲线 5 的金相组织（冷速 Ac_3-RT，500℃/h）；（f）曲线 6 的金相组织（冷速 Ac_3-RT，100℃/h）

6.2.8 70MnVS4（CCT）

70MnVS4 的成分如表 6-44 所示。

表 6-44 70MnVS4 的化学成分

化学成分（质量分数）/%					
C	Si	Mn	P	S	Cr
0.7	0.2	0.05	—	—	0.15
原始状态：退火			奥氏体化：900℃，5min		

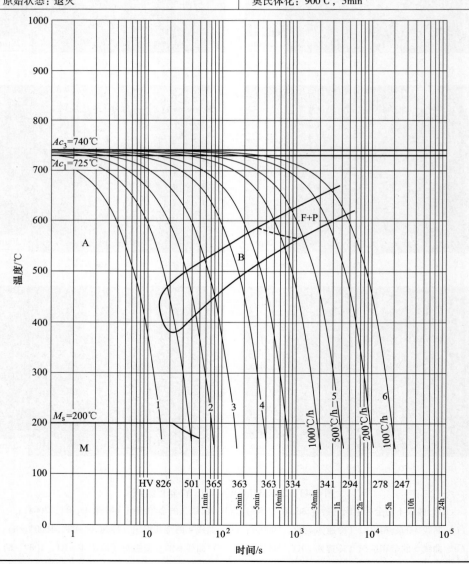

70MnVS4 的金相组织如图 6-44 所示。

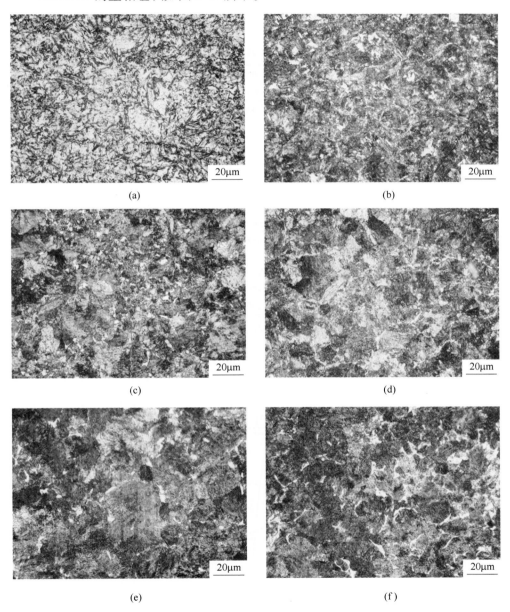

图 6-44 70MnVS4 的金相组织

（a）曲线 1 的金相组织（冷速 Ac_3-RT，20s）；（b）曲线 2 的金相组织（冷速 Ac_3-RT，100s）；

（c）曲线 3 的金相组织（冷速 Ac_3-RT，200s）；（d）曲线 4 的金相组织（冷速 Ac_3-RT，500s）；

（e）曲线 5 的金相组织（冷速 Ac_3-RT，500℃/h）；（f）曲线 6 的金相组织（冷速 Ac_3-RT，100℃/h）

6.2.9 75Cr1 (CCT)

75Cr1 的成分如表 6-45 所示。

表 6-45 75Cr1 的化学成分

化学成分（质量分数)/%						
C	Si	Mn	P	S	Cr	Al
0.76	0.33	0.83	0.006	0.002	0.51	0.02
原始状态：退火			奥氏体化：850℃，10min			

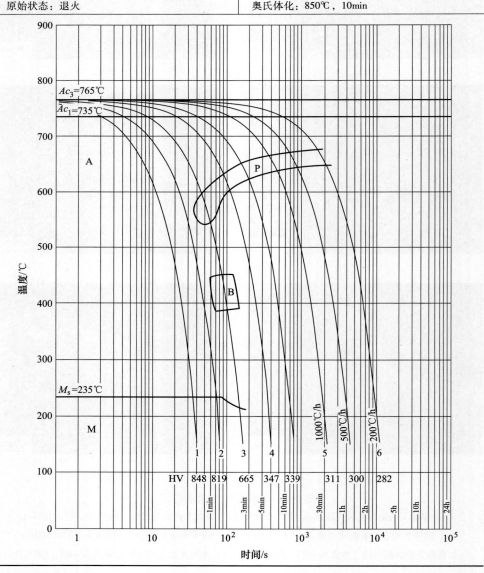

75Cr1 的金相组织如图 6-45 所示。

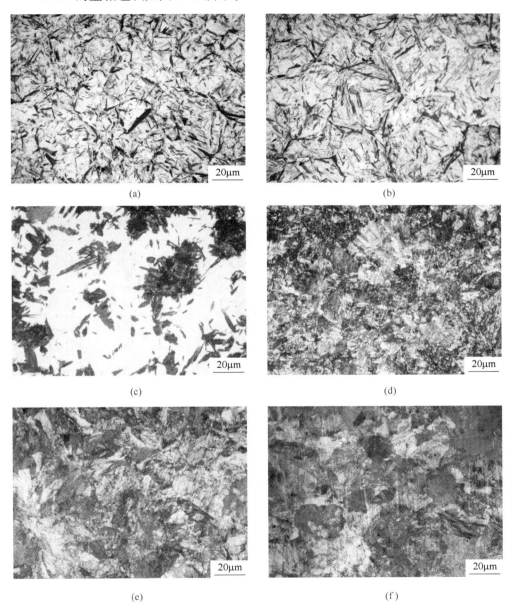

(a)

(b)

(c)

(d)

(e)

(f)

图 6-45　75Cr1 的金相组织

（a）曲线 1 的金相组织（冷速 Ac_3-RT，50s）；（b）曲线 2 的金相组织（冷速 Ac_3-RT，100s）；

（c）曲线 3 的金相组织（冷速 Ac_3-RT，200s）；（d）曲线 4 的金相组织（冷速 Ac_3-RT，500s）；

（e）曲线 5 的金相组织（冷速 Ac_3-RT，1000℃/h）；（f）曲线 6 的金相组织（冷速 Ac_3-RT，200℃/h）

6.2.10　75Cr1（TTT）

75Cr1 的成分如表 6-46 所示。

表 6-46　75Cr1 的化学成分

化学成分（质量分数）/%						
C	Si	Mn	P	S	Cr	Al
0.76	0.33	0.83	0.006	0.002	0.51	0.02
原始状态：退火			奥氏体化：850℃，10min			

75Cr1 的金相组织如图 6-46 所示。

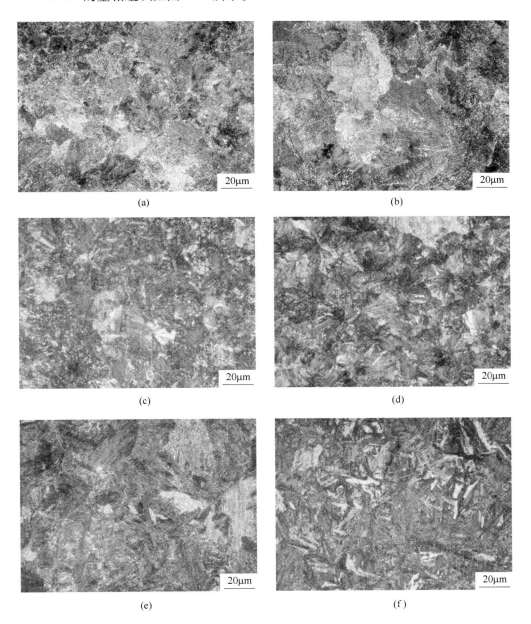

图 6-46　75Cr1 的金相组织

（a）曲线金相组织（等温温度 625℃）；（b）曲线金相组织（等温温度 600℃）；

（c）曲线金相组织（等温温度 550℃）；（d）曲线金相组织（等温温度 500℃）；

（e）曲线金相组织（等温温度 450℃）；（f）曲线金相组织（等温温度 300℃）

6.2.11 8CrV（CCT）

8CrV 的成分如表 6-47 所示。

表 6-47 8CrV 的化学成分

化学成分（质量分数）/%								
C	Si	Mn	P	S	Cr	Mo	Ni	V
0.79	0.28	0.38	0.009	0.006	0.49	0.1	0.1	0.2
原始状态：轧态			奥氏体化：800℃，5min					

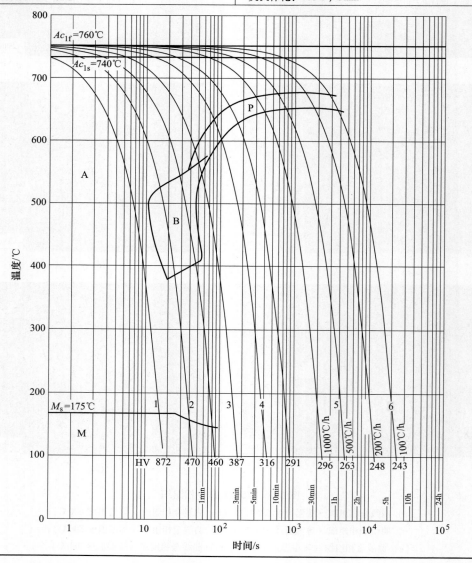

8CrV 的金相组织如图 6-47 所示。

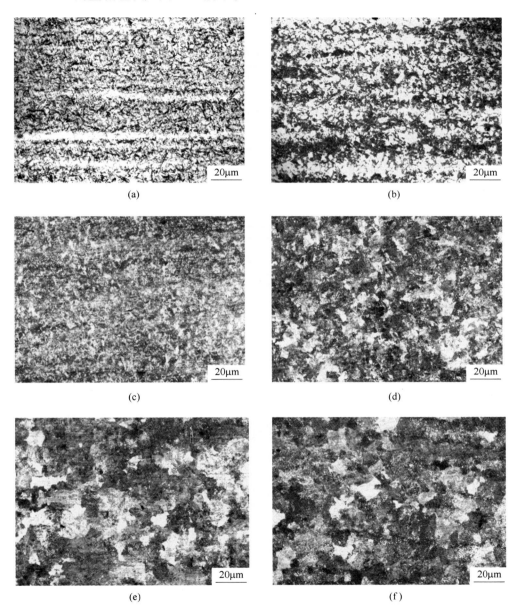

图 6-47　8CrV 的金相组织

（a）曲线 1 的金相组织（冷速 Ac_3-RT，20s）；（b）曲线 2 的金相组织（冷速 Ac_3-RT，50s）；

（c）曲线 3 的金相组织（冷速 Ac_3-RT，200s）；（d）曲线 4 的金相组织（冷速 Ac_3-RT，500s）；

（e）曲线 5 的金相组织（冷速 Ac_3-RT，500℃/h）；（f）曲线 6 的金相组织（冷速 Ac_3-RT，100℃/h）

6.2.12 8CrV（TTT）

8CrV 的成分如表 6-48 所示。

表 6-48 8CrV 的化学成分

化学成分（质量分数）/%								
C	Si	Mn	P	S	Cr	Mo	Ni	V
0.79	0.28	0.38	0.009	0.006	0.49	0.1	0.1	0.2
原始状态：轧态				奥氏体化：800℃，5min				

8CrV 的金相组织如图 6-48 所示。

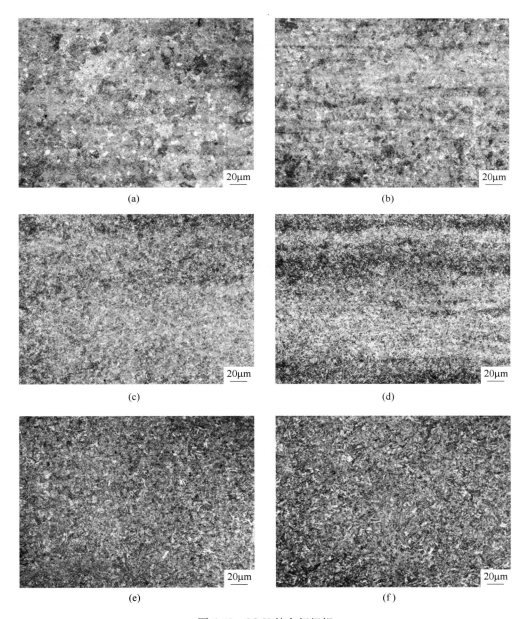

图 6-48　8CrV 的金相组织

（a）曲线金相组织（等温温度 675℃）；（b）曲线金相组织（等温温度 650℃）；

（c）曲线金相组织（等温温度 575℃）；（d）曲线金相组织（等温温度 500℃）；

（e）曲线金相组织（等温温度 375℃）；（f）曲线金相组织（等温温度 300℃）

6.2.13　8MnSi（CCT）

8MnSi 的成分如表 6-49 所示。

表 6-49　8MnSi 的化学成分

化学成分（质量分数）/%							
C	Si	Mn	P	S	Cr	Mo	Ni
0.83	0.37	0.88	0.012	0.016	0.1	0.1	0.1
原始状态：轧态			奥氏体化：805℃，5min				

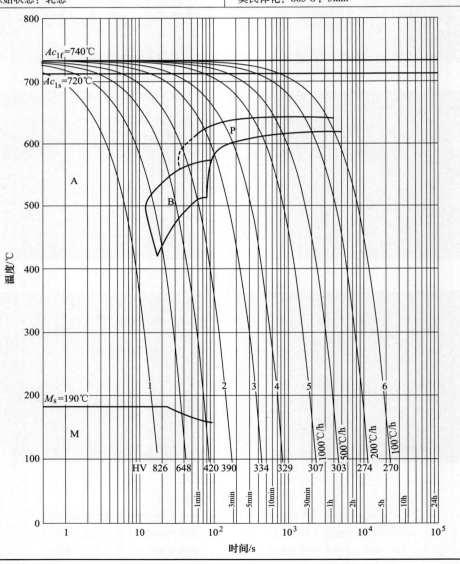

8MnSi 的金相组织如图 6-49 所示。

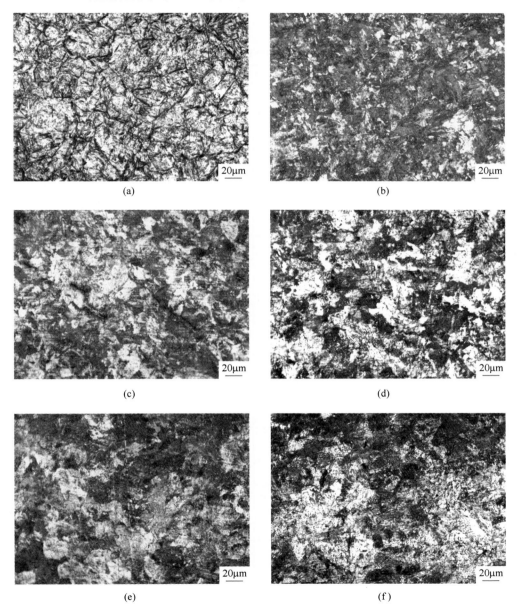

图 6-49　8MnSi 的金相组织

（a）曲线 1 的金相组织（冷速 Ac_3-RT，20s）；（b）曲线 2 的金相组织（冷速 Ac_3-RT，200s）；

（c）曲线 3 的金相组织（冷速 Ac_3-RT，500s）；（d）曲线 4 的金相组织（冷速 Ac_3-RT，1000s）；

（e）曲线 5 的金相组织（冷速 Ac_3-RT，1000℃/h）；（f）曲线 6 的金相组织（冷速 Ac_3-RT，100℃/h）

6.2.14 8MnSi（TTT）

8MnSi 的成分如表 6-50 所示。

表 6-50 8MnSi 的化学成分

化学成分（质量分数）/%							
C	Si	Mn	P	S	Cr	Mo	Ni
0.83	0.37	0.88	0.012	0.016	0.1	0.1	0.1
原始状态：轧态				奥氏体化：805℃，5min			

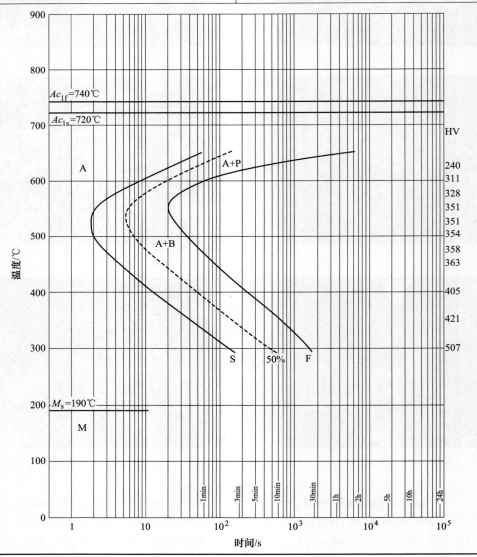

8MnSi 的金相组织如图 6-50 所示。

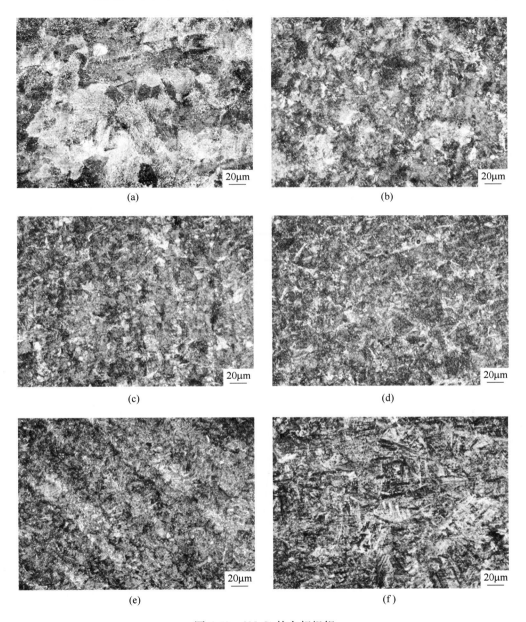

图 6-50　8MnSi 的金相组织

（a）曲线金相组织（等温温度 650℃）；（b）曲线金相组织（等温温度 600℃）；

（c）曲线金相组织（等温温度 575℃）；（d）曲线金相组织（等温温度 525℃）；

（e）曲线金相组织（等温温度 450℃）；（f）曲线金相组织（等温温度 300℃）

6.2.15 SKS51（CCT）

SKS51 的成分如表 6-51 所示。

表 6-51 SKS51 的化学成分

化学成分（质量分数）/%				
C	Si	Mn	P	S
0.86	0.19	0.4	0.014	0.003
原始状态：轧态		奥氏体化：780℃，5min		

SKS51 的金相组织如图 6-51 所示。

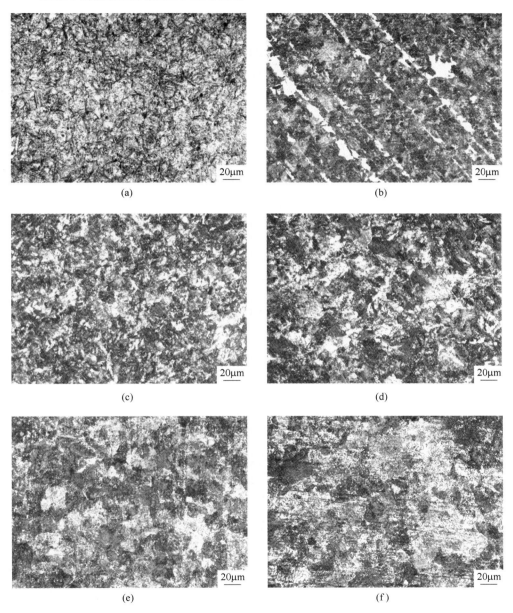

图 6-51 SKS51 的金相组织

（a）曲线 1 的金相组织（冷速 Ac_3-RT，20s）；（b）曲线 2 的金相组织（冷速 Ac_3-RT，100s）；
（c）曲线 3 的金相组织（冷速 Ac_3-RT，200s）；（d）曲线 4 的金相组织（冷速 Ac_3-RT，1000s）；
（e）曲线 5 的金相组织（冷速 Ac_3-RT，500℃/h）；（f）曲线 6 的金相组织（冷速 Ac_3-RT，100℃/h）

6.2.16 SKS51 (TTT)

SKS51 的成分如表 6-52 所示。

表 6-52 SKS51 的化学成分

化学成分（质量分数）/%				
C	Si	Mn	P	S
0.86	0.19	0.4	0.014	0.003
原始状态：轧态		奥氏体化：780℃，5min		

SKS51 的金相组织如图 6-52 所示。

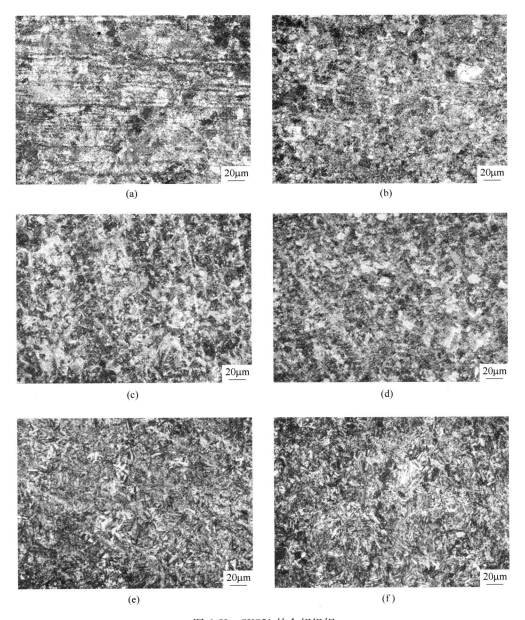

图 6-52　SKS51 的金相组织
（a）曲线金相组织（等温温度 625℃）；（b）曲线金相组织（等温温度 575℃）；
（c）曲线金相组织（等温温度 500℃）；（d）曲线金相组织（等温温度 450℃）；
（e）曲线金相组织（等温温度 300℃）；（f）曲线金相组织（等温温度 250℃）

6.2.17　FS438（CCT）

FS438 的成分如表 6-53 所示。

表 6-53　FS438 的化学成分

化学成分（质量分数）/%					
C	Si	Mn	Cr	V	Mo
0.39	0.28	0.57	5.03	0.54	1.9
原始状态：退火			奥氏体化：1030℃，5min		

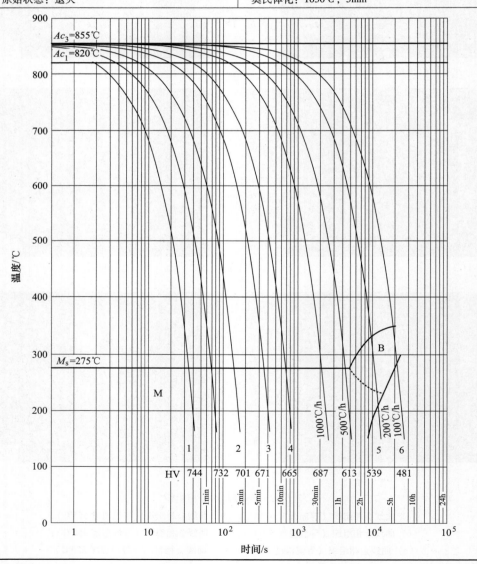

FS438 的金相组织如图 6-53 所示。

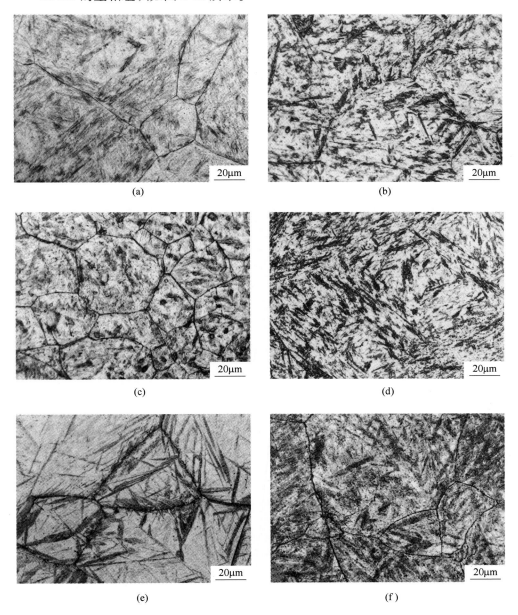

图 6-53　FS438 的金相组织

（a）曲线 1 的金相组织（冷速 Ac_3-RT，50s）；（b）曲线 2 的金相组织（冷速 Ac_3-RT，200s）；

（c）曲线 3 的金相组织（冷速 Ac_3-RT，500s）；（d）曲线 4 的金相组织（冷速 Ac_3-RT，1000s）；

（e）曲线 5 的金相组织（冷速 Ac_3-RT，200℃/h）；（f）曲线 6 的金相组织（冷速 Ac_3-RT，100℃/h）

6.2.18 CW6Mo5Cr4V3Nb（CCT）

CW6Mo5Cr4V3Nb 的成分如表 6-54 所示。

表 6-54 CW6Mo5Cr4V3Nb 的化学成分

化学成分（质量分数）/%							
C	Si	Mn	W	Mo	Cr	V	Nb
1.3	0.30	0.25	6	5	4	2.75	0.5
原始状态：退火				奥氏体化：1200℃，10min			

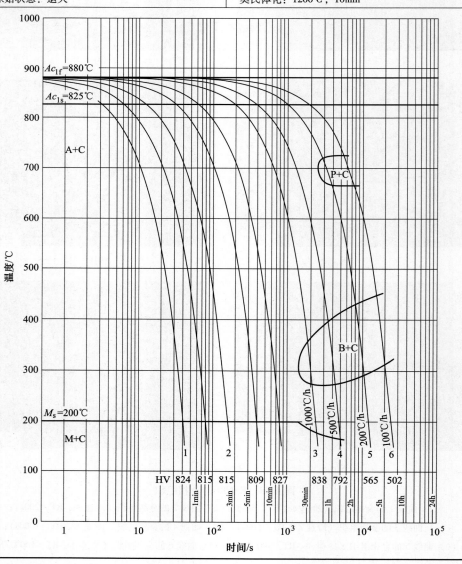

CW6Mo5Cr4V3Nb 的金相组织如图 6-54 所示。

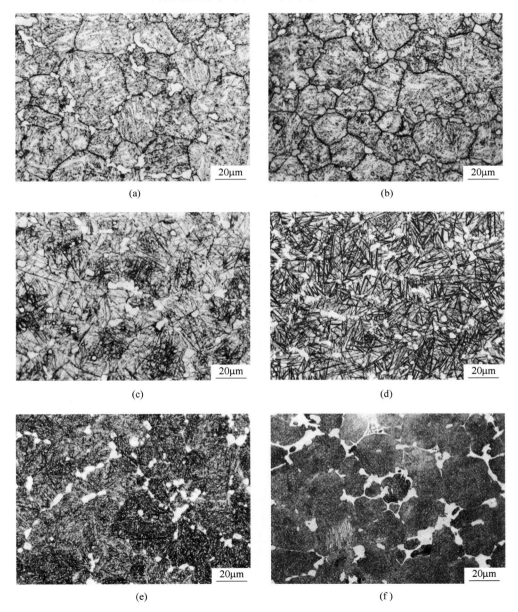

图 6-54 CW6Mo5Cr4V3Nb 的金相组织

（a）曲线 1 的金相组织（冷速 Ac_3-RT，50s）；（b）曲线 2 的金相组织（冷速 Ac_3-RT，200s）；
（c）曲线 3 的金相组织（冷速 Ac_3-RT，1000℃/h）；（d）曲线 4 的金相组织（冷速 Ac_3-RT，500℃/h）；
（e）曲线 5 的金相组织（冷速 Ac_3-RT，200℃/h）；（f）曲线 6 的金相组织（冷速 Ac_3-RT，100℃/h）

6.2.19 W2Mo9Cr4VCo8（CCT）

W2Mo9Cr4VCo8 的成分如表 6-55 所示。

表 6-55 W2Mo9Cr4VCo8 的化学成分

化学成分（质量分数）/%									
C	Si	Mn	P	S	Cr	W	Mo	V	Co
1.11	0.7	0.39	0.016	0.002	4.58	1.39	9.46	1.37	8.04
原始状态：热处理					奥氏体化：1160℃，5min				

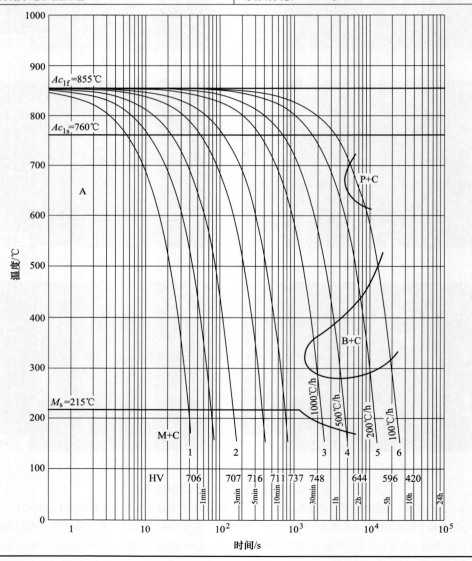

W2Mo9Cr4VCo8 的金相组织如图 6-55 所示。

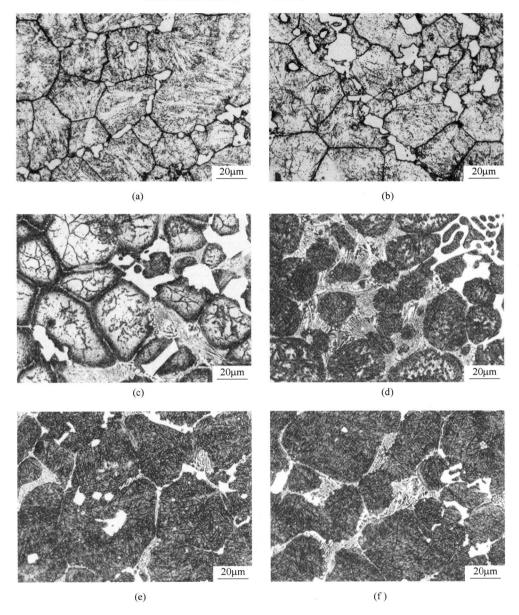

(a)

(b)

(c)

(d)

(e)

(f)

图 6-55 W2Mo9Cr4VCo8 的金相组织

（a）曲线 1 的金相组织（冷速 Ac_3-RT，50s）；（b）曲线 2 的金相组织（冷速 Ac_3-RT，200s）；
（c）曲线 3 的金相组织（冷速 Ac_3-RT，1000℃/h）；（d）曲线 4 的金相组织（冷速 Ac_3-RT，500℃/h）；
（e）曲线 5 的金相组织（冷速 Ac_3-RT，200℃/h）；（f）曲线 6 的金相组织（冷速 Ac_3-RT，100℃/h）

6.3　轴　承　钢

6.3.1　PG1（CCT）

PG1 的成分如表 6-56 所示。

表 6-56　PG1 的化学成分

化学成分（质量分数）/%										
C	Si	Mn	P	S	Cr	Ni	Mo	V	W	Nb
0.30	0.07	0.03	0.004	0.004	2.90	1.27	1.80	0.49	0.62	0.03
原始状态：回火					奥氏体化：980℃，5min					

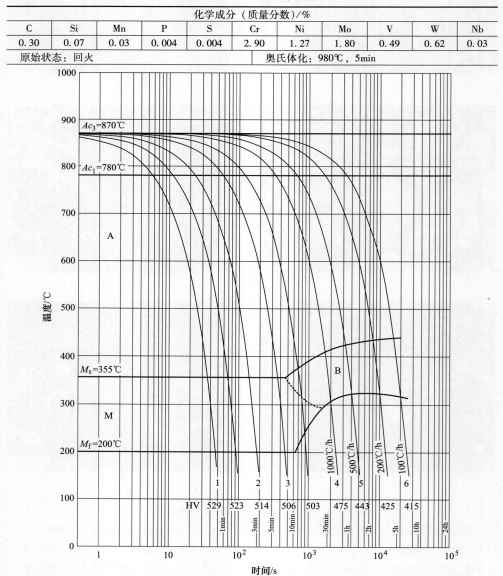

PG1 的金相组织如图 6-56 所示。

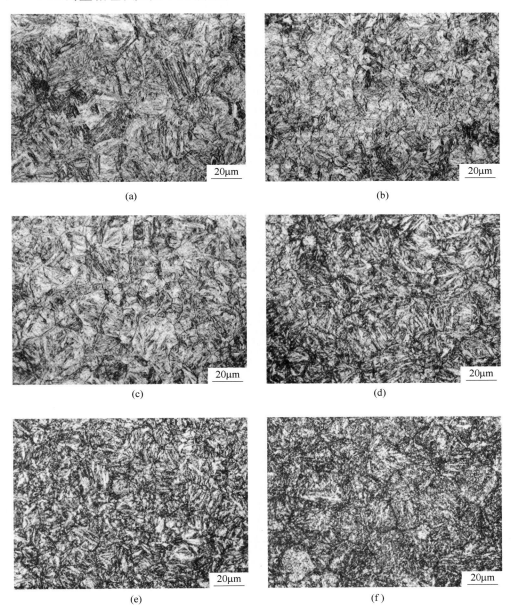

图 6-56　PG1 的金相组织

（a）曲线 1 的金相组织（冷速 Ac_3-RT，50s）；（b）曲线 2 的金相组织（冷速 Ac_3-RT，200s）；
（c）曲线 3 的金相组织（冷速 Ac_3-RT，500s）；（d）曲线 4 的金相组织（冷速 Ac_3-RT，1000℃/h）；
（e）曲线 5 的金相组织（冷速 Ac_3-RT，500℃/h）；（f）曲线 6 的金相组织（冷速 Ac_3-RT，100℃/h）

6.3.2 7Cr14Mo（CCT）

7Cr14Mo 的成分如表 6-57 所示。

表 6-57　7Cr14Mo 的化学成分

化学成分（质量分数）/%						
C	Si	Mn	P	S	Cr	Mo
0.65	0.59	0.42	0.01	0.003	13.69	0.65
原始状态：退火			奥氏体化：1070℃，5min			

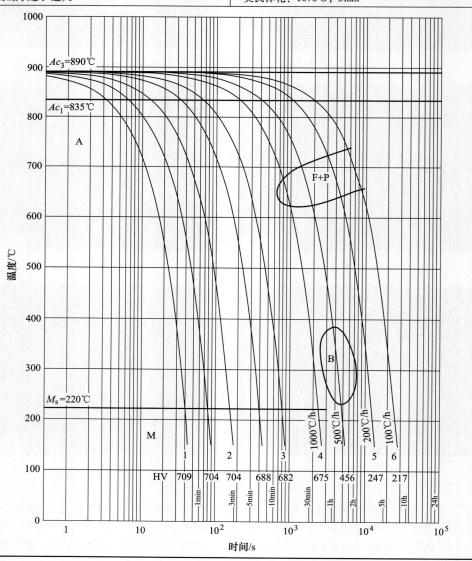

7Cr14Mo 的金相组织如图 6-57 所示。

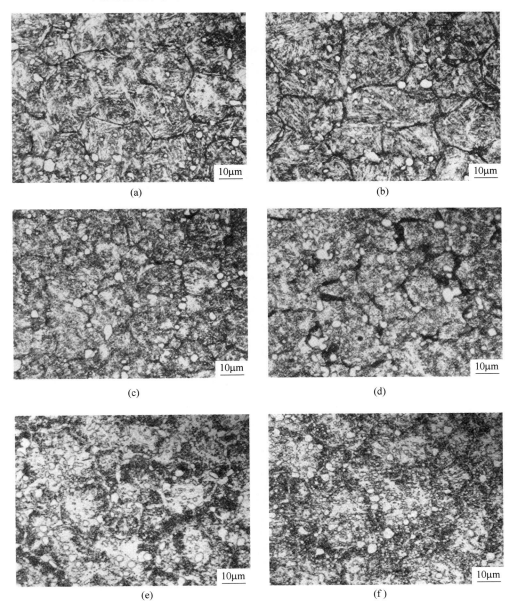

图 6-57 7Cr14Mo 的金相组织

（a）曲线 1 的金相组织（冷速 Ac_3-RT，50s）；（b）曲线 2 的金相组织（冷速 Ac_3-RT，200s）；
（c）曲线 3 的金相组织（冷速 Ac_3-RT，1000s）；（d）曲线 4 的金相组织（冷速 Ac_3-RT，1000℃/h）；
（e）曲线 5 的金相组织（冷速 Ac_3-RT，200℃/h）；（f）曲线 6 的金相组织（冷速 Ac_3-RT，100℃/h）

6.3.3 GCr15SiMn（CCT）

GCr15SiMn 的成分如表 6-58 所示。

表 6-58 GCr15SiMn 的化学成分

化学成分（质量分数)/%			
C	Si	Mn	Cr
0.98	0.63	1.12	1.45
原始状态：热处理		奥氏体化：850℃，5min	

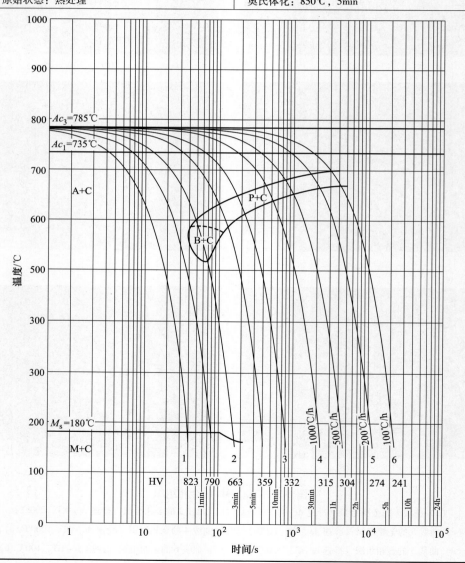

GCr15SiMn 的金相组织如图 6-58 所示。

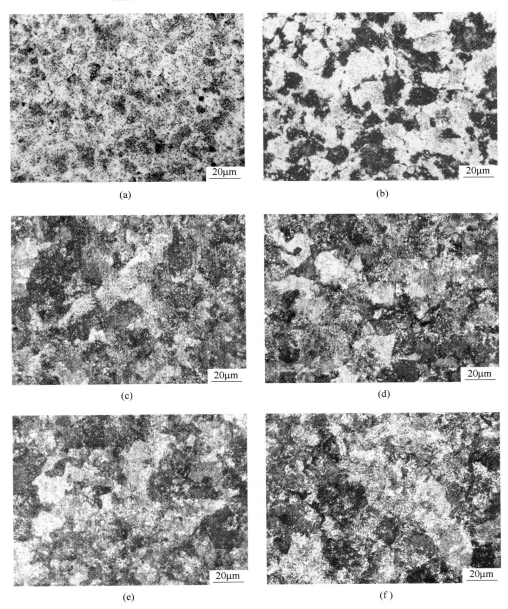

图 6-58　GCr15SiMn 的金相组织

（a）曲线 1 的金相组织（冷速 Ac_3-RT，50s）；（b）曲线 2 的金相组织（冷速 Ac_3-RT，200s）；

（c）曲线 3 的金相组织（冷速 Ac_3-RT，1000s）；（d）曲线 4 的金相组织（冷速 Ac_3-RT，1000℃/h）；

（e）曲线 5 的金相组织（冷速 Ac_3-RT，200℃/h）；（f）曲线 6 的金相组织（冷速 Ac_3-RT，100℃/h）

6. 3. 4　GCr15（CCT）

GCr15 的成分如表 6-59 所示。

表 6-59　GCr15 的化学成分

化学成分（质量分数）/%					
C	Si	Mn	Cr	P	S
0.96	0.26	0.35	1.48	0.0049	0.0011
原始状态：锻态			奥氏体化：840℃，5min		

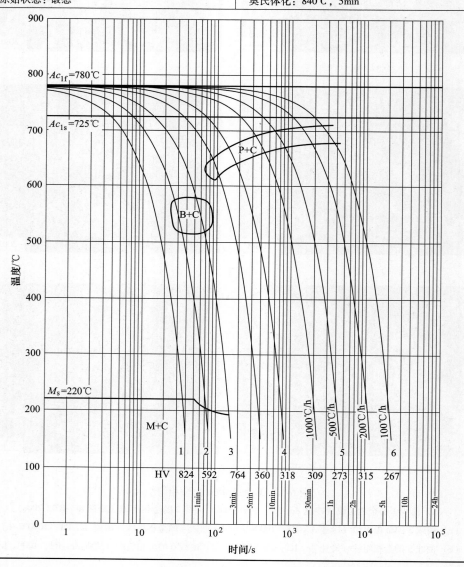

GCr15 的金相组织如图 6-59 所示。

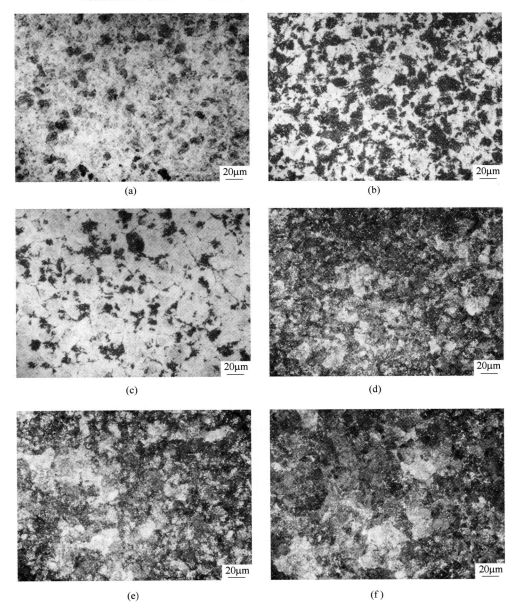

图 6-59　GCr15 的金相组织

（a）曲线 1 的金相组织（冷速 Ac_3-RT，50s）；（b）曲线 2 的金相组织（冷速 Ac_3-RT，100s）；

（c）曲线 3 的金相组织（冷速 Ac_3-RT，200s）；（d）曲线 4 的金相组织（冷速 Ac_3-RT，1000s）；

（e）曲线 5 的金相组织（冷速 Ac_3-RT，500℃/h）；（f）曲线 6 的金相组织（冷速 Ac_3-RT，100℃/h）

6.3.5 GCr15 (TTT)

GCr15 的成分如表 6-60 所示。

表 6-60 GCr15 的化学成分

化学成分（质量分数）/%					
C	Si	Mn	Cr	P	S
0.96	0.26	0.35	1.48	0.0049	0.0011
原始状态：锻态			奥氏体化：840℃，5min		

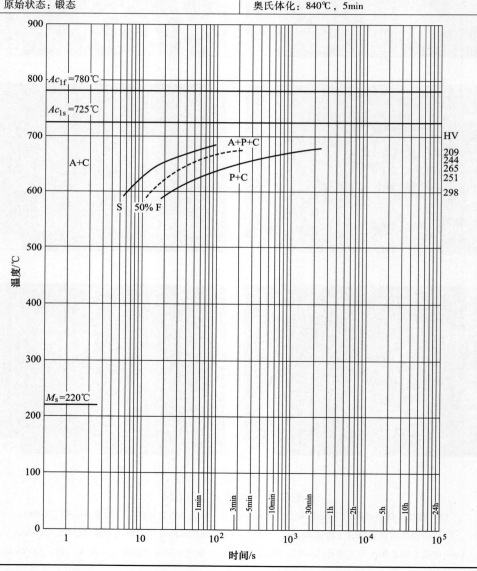

GCr15 的金相组织如图 6-60 所示。

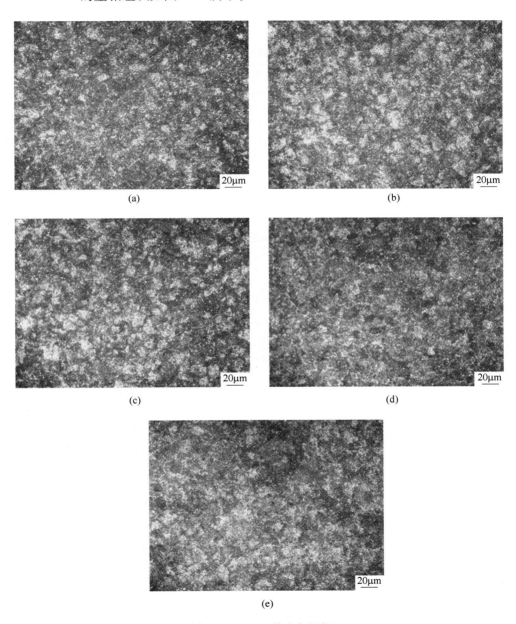

图 6-60　GCr15 的金相组织

（a）曲线金相组织（等温温度 600℃）；（b）曲线金相组织（等温温度 625℃）；

（c）曲线金相组织（等温温度 640℃）；（d）曲线金相组织（等温温度 650℃）；

（e）曲线金相组织（等温温度 675℃）

6.3.6   GCr15Al6（CCT）

GCr15Al6 的成分如表 6-61 所示。

表 6-61   GCr15Al6 的化学成分

化学成分（质量分数）/%				
C	Si	Mn	Cr	Al
1.4	0.25	0.35	1.6	6.0
原始状态：轧态			奥氏体化：840℃，5min	

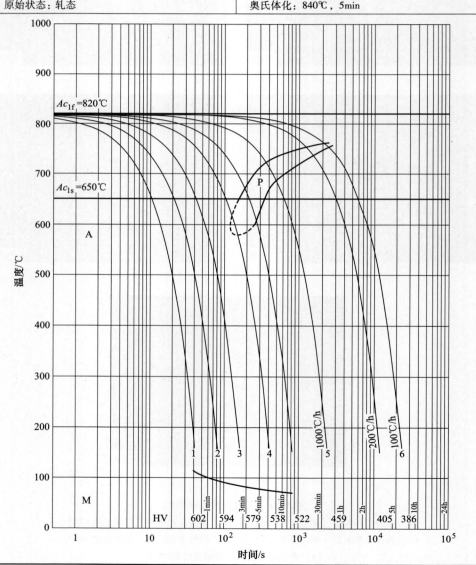

GCr15Al6 的金相组织如图 6-61 所示。

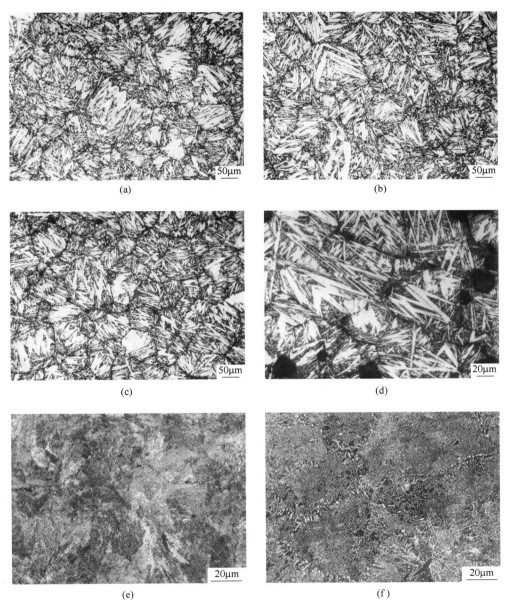

图 6-61　GCr15Al6 的金相组织

（a）曲线 1 的金相组织（冷速 Ac_3-RT，50s）；（b）曲线 2 的金相组织（冷速 Ac_3-RT，100s）；

（c）曲线 3 的金相组织（冷速 Ac_3-RT，200s）；（d）曲线 4 的金相组织（冷速 Ac_3-RT，500s）；

（e）曲线 5 的金相组织（冷速 Ac_3-RT，1000℃/h）；（f）曲线 6 的金相组织（冷速 Ac_3-RT，100℃/h）

6.4　耐热钢与压力容器用钢

6.4.1　2.25Cr1Mo（CCT）

2.25Cr1Mo 的成分如表 6-62 所示。

表 6-62　2.25Cr1Mo 的化学成分

化学成分（质量分数)/%						
C	Si	Mn	P	S	Cr	Mo
0.13	0.31	0.46	0.003	0.002	2.4	1.02
原始状态：热处理			奥氏体化：930℃，5min			

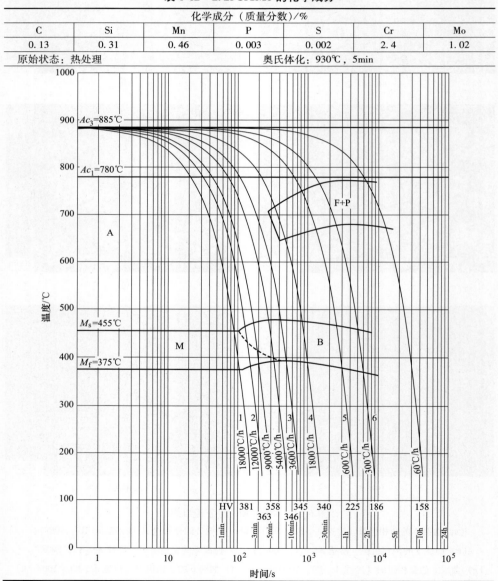

2. 2.25Cr1Mo 的金相组织如图 6-62 所示。

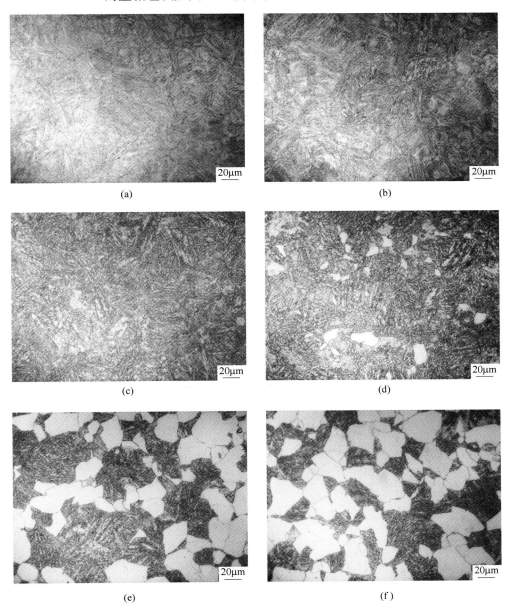

图 6-62 2.25Cr1Mo 的金相组织

（a）曲线 1 的金相组织（冷速 Ac_3-RT，18000℃/h）；（b）曲线 2 的金相组织（冷速 Ac_3-RT，12000℃/h）；

（c）曲线 3 的金相组织（冷速 Ac_3-RT，3600℃/h）；（d）曲线 4 的金相组织（冷速 Ac_3-RT，1800℃/h）；

（e）曲线 5 的金相组织（冷速 Ac_3-RT，600℃/h）；（f）曲线 6 的金相组织（冷速 Ac_3-RT，300℃/h）

6.4.2 508（CCT）

508 的成分如表 6-63 所示。

表 6-63 508 的化学成分

化学成分（质量分数）/%					
C	Si	Mn	Ni	Cr	Mo
0.19	0.23	1.36	0.66	0.14	0.53
原始状态：退火			奥氏体化：920℃，5min		

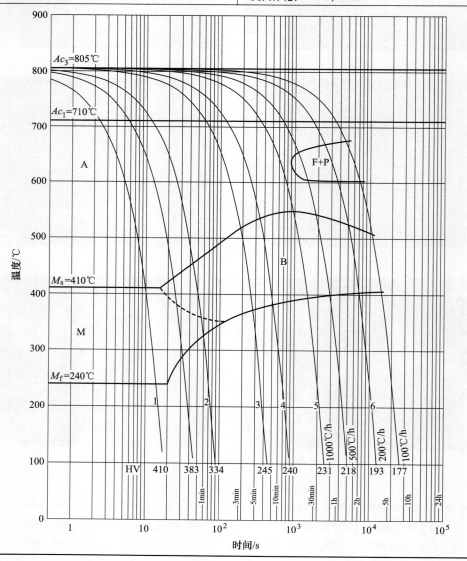

508 的金相组织如图 6-63 所示。

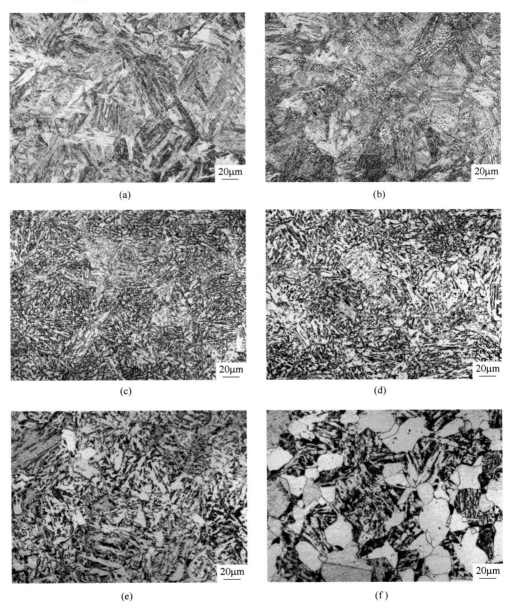

图 6-63　508 的金相组织

（a）曲线 1 的金相组织（冷速 Ac_3-RT，20s）；（b）曲线 2 的金相组织（冷速 Ac_3-RT，100s）；

（c）曲线 3 的金相组织（冷速 Ac_3-RT，500s）；（d）曲线 4 的金相组织（冷速 Ac_3-RT，1000s）；

（e）曲线 5 的金相组织（冷速 Ac_3-RT，1000℃/h）；（f）曲线 6 的金相组织（冷速 Ac_3-RT，200℃/h）

6.4.3　1Cr16Ni2MoN（CCT）

1Cr16Ni2MoN 的成分如表 6-64 所示。

表 6-64　1Cr16Ni2MoN 的化学成分

化学成分（质量分数）/%									
C	Si	Mn	P	S	Cr	Ni	Mo	N	V
0.18	0.2	0.52	0.005	0.004	15.19	2.44	1.18	0.061	0.18
原始状态：热轧					奥氏体化：1040℃，5min				

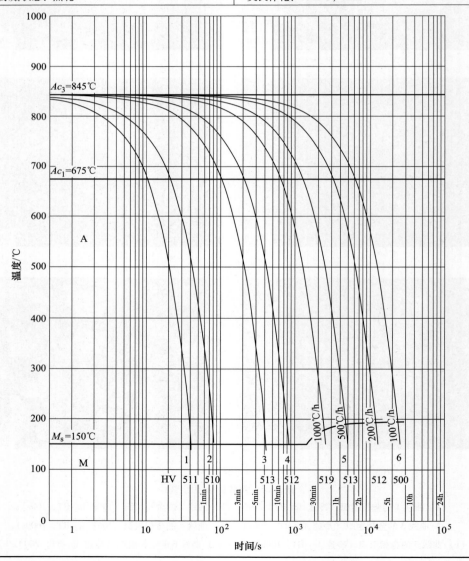

1Cr16Ni2MoN 的金相组织如图 6-64 所示。

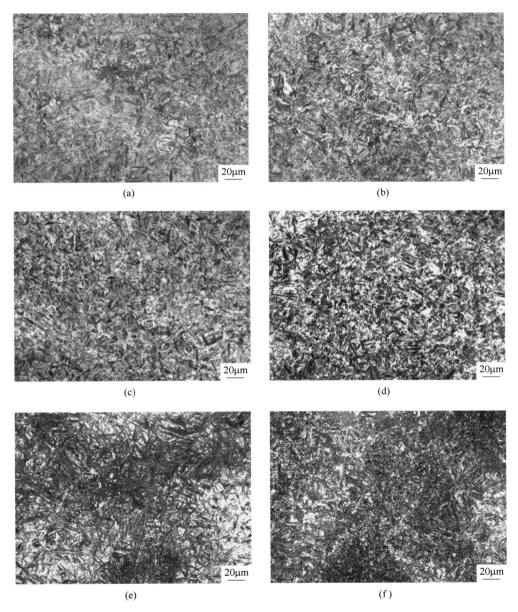

图 6-64 1Cr16Ni2MoN 的金相组织

(a) 曲线 1 的金相组织（冷速 Ac_3-RT，50s）；(b) 曲线 2 的金相组织（冷速 Ac_3-RT，100s）；

(c) 曲线 3 的金相组织（冷速 Ac_3-RT，500s）；(d) 曲线 4 的金相组织（冷速 Ac_3-RT，1000s）；

(e) 曲线 5 的金相组织（冷速 Ac_3-RT，500℃/h）；(f) 曲线 6 的金相组织（冷速 Ac_3-RT，100℃/h）

6. 4. 4　45CrMoVE（CCT）

45CrMoVE 的成分如表 6-65 所示。

表 6-65　45CrMoVE 的化学成分

化学成分（质量分数）/%									
C	Si	Mn	P	S	Cr	Ni	Mo	V	Cu
0.44	0.32	0.40	0.005	0.0012	1.03	0.87	0.64	0.31	0.006
原始状态：锻态					奥氏体化：950℃，5min				

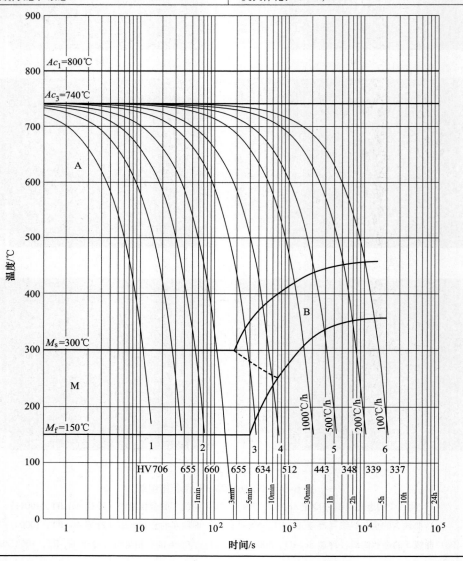

45CrMoVE 的金相组织如图 6-65 所示。

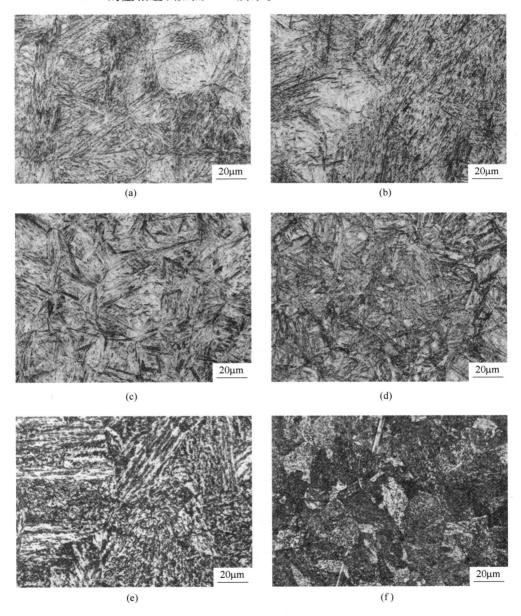

图 6-65 45CrMoVE 的金相组织

(a) 曲线 1 的金相组织 (冷速 Ac_3-RT, 20s); (b) 曲线 2 的金相组织 (冷速 Ac_3-RT, 100s);

(c) 曲线 3 的金相组织 (冷速 Ac_3-RT, 500s); (d) 曲线 4 的金相组织 (冷速 Ac_3-RT, 1000s);

(e) 曲线 5 的金相组织 (冷速 Ac_3-RT, 500℃/h); (f) 曲线 6 的金相组织 (冷速 Ac_3-RT, 100℃/h)

6.4.5　ZG1Cr11Mo1W1VNbN（CCT）

ZG1Cr11Mo1W1VNbN 的成分如表 6-66 所示。

表 6-66　ZG1Cr11Mo1W1VNbN 的化学成分

化学成分（质量分数）/%									
C	Si	Mn	Cr	Ni	Mo	V	Nb	N	W
0.14	0.10	0.44	10.30	0.59	0.92	0.16	0.053	0.08	0.94
原始状态：锻态					奥氏体化：1030℃，5min				

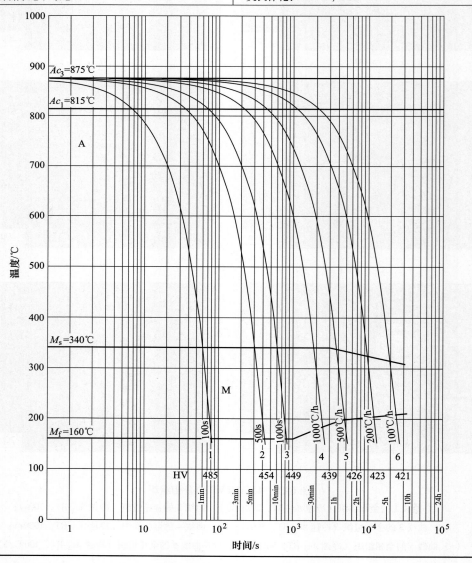

ZG1Cr11Mo1W1VNbN 的金相组织如图 6-66 所示。

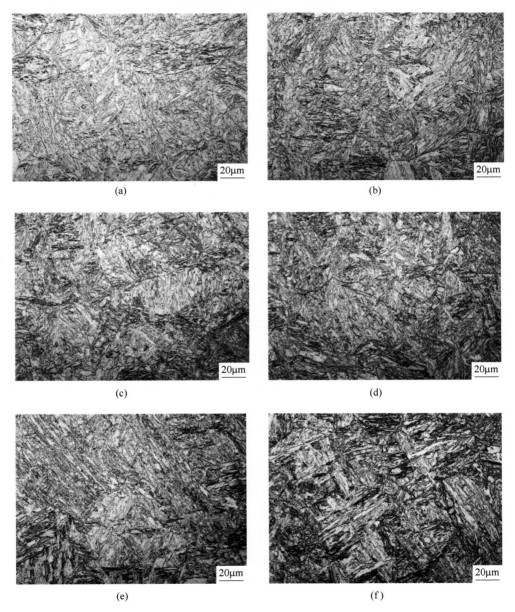

图 6-66　ZG1Cr11Mo1W1VNbN 的金相组织

（a）曲线 1 的金相组织（冷速 Ac_3-RT，100s）；（b）曲线 2 的金相组织（冷速 Ac_3-RT，500s）；

（c）曲线 3 的金相组织（冷速 Ac_3-RT，1000s）；（d）曲线 4 的金相组织（冷速 Ac_3-RT，1000℃/h）；

（e）曲线 5 的金相组织（冷速 Ac_3-RT，500℃/h）；（f）曲线 6 的金相组织（冷速 Ac_3-RT，100℃/h）

6.5 低 合 金 钢

6.5.1 Q420（CCT）

Q420 的成分如表 6-67 所示。

表 6-67   Q420 的化学成分

化学成分（质量分数）/%										
C	Si	Mn	P	S	Cr	Ni	Mo	Ti	V	Nb
0.050~	0.22~	1.40~	0.0058~	0.0008~	0.30~	0.30~	0.10~	0.010~	0.0055~	0.020~
0.060	0.26	1.50	0.0068	0.0010	0.40	0.40	0.20	0.020	0.0070	0.030
原始状态：轧态					奥氏体化：900℃，10min					

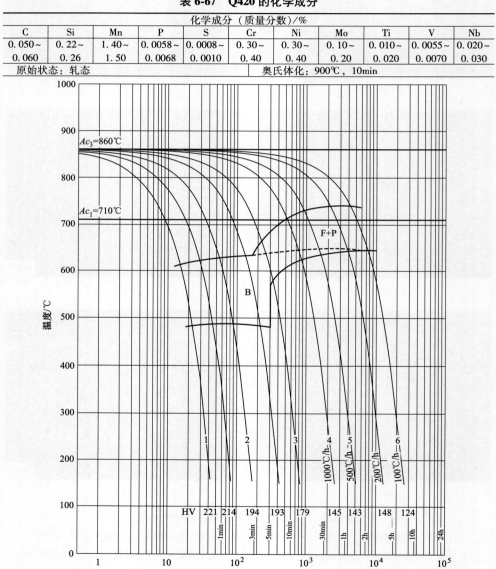

Q420 的金相组织如图 6-67 所示。

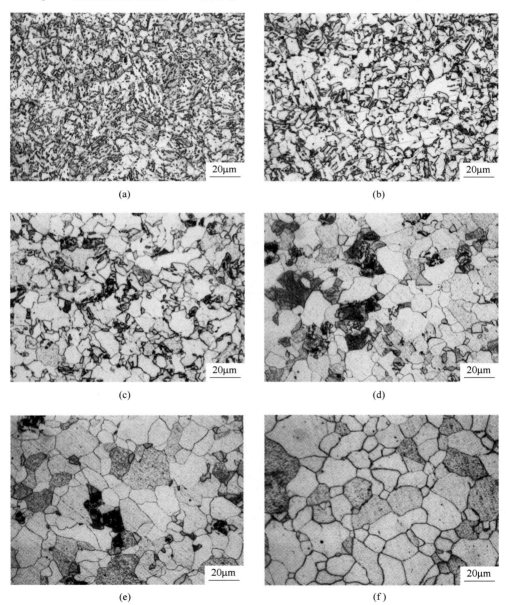

图 6-67 Q420 的金相组织

（a）曲线 1 的金相组织（冷速 Ac_3-RT，50s）；（b）曲线 2 的金相组织（冷速 Ac_3-RT，200s）；

（c）曲线 3 的金相组织（冷速 Ac_3-RT，1000s）；（d）曲线 4 的金相组织（冷速 Ac_3-RT，1000℃/h）；

（e）曲线 5 的金相组织（冷速 Ac_3-RT，500℃/h）；（f）曲线 6 的金相组织（冷速 Ac_3-RT，100℃/h）

6.5.2 Q890D（CCT）

Q890D 的成分如表 6-68 所示。

表 6-68 Q890D 的化学成分

化学成分（质量分数）/%									
C	Si	Mn	P	S	Cr	Ni	Mo	Nb	V
0.14	0.25	1.23	0.018	0.0032	0.33	0.17	0.22	0.029	0.0059
原始状态：轧态					奥氏体化：900℃，10min				

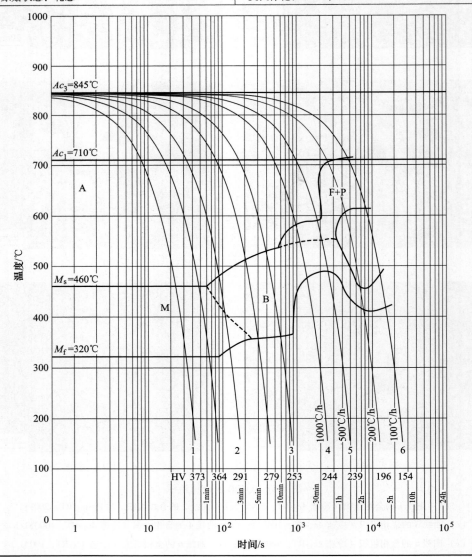

Q890D 的金相组织如图 6-68 所示。

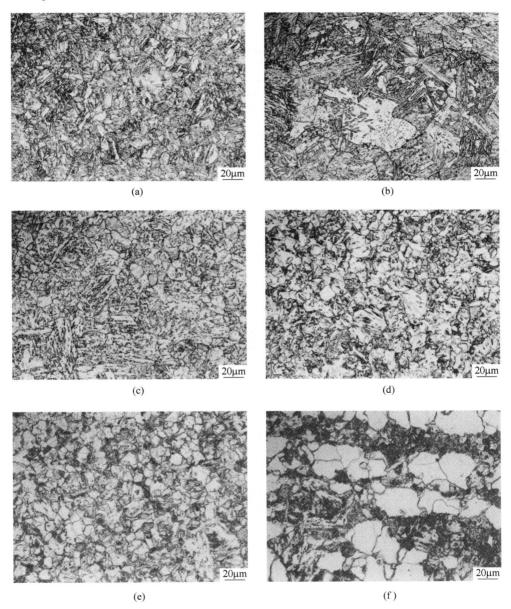

图 6-68 Q890D 的金相组织

（a）曲线 1 的金相组织（冷速 Ac_3-RT，50s）；（b）曲线 2 的金相组织（冷速 Ac_3-RT，200s）；
（c）曲线 3 的金相组织（冷速 Ac_3-RT，1000s）；（d）曲线 4 的金相组织（冷速 Ac_3-RT，1000℃/h）；
（e）曲线 5 的金相组织（冷速 Ac_3-RT，500℃/h）；（f）曲线 6 的金相组织（冷速 Ac_3-RT，100℃/h）

6.5.3 X60（CCT）

X60 的成分如表 6-69 所示。

表 6-69 X60 的化学成分

化学成分（质量分数）/%										
C	Si	Mn	P	S	Cr	Ni	Cu	Ti	V	Nb
0.065	0.3	1.45	0.013	0.004	0.014	0.008	0.13	0.01	0.003	0.045
原始状态：铸坯					奥氏体化：1180℃，5min					

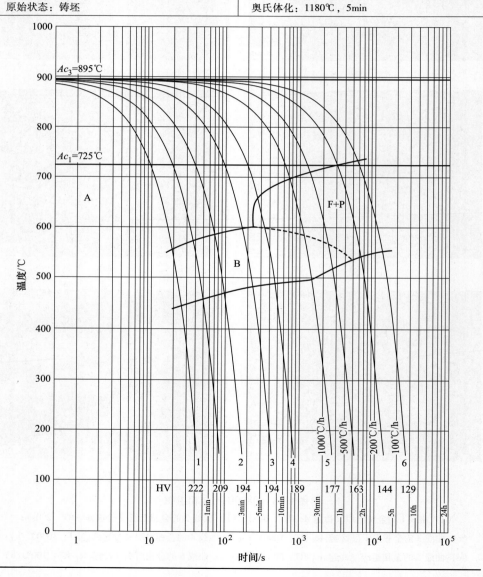

X60 的金相组织如图 6-69 所示。

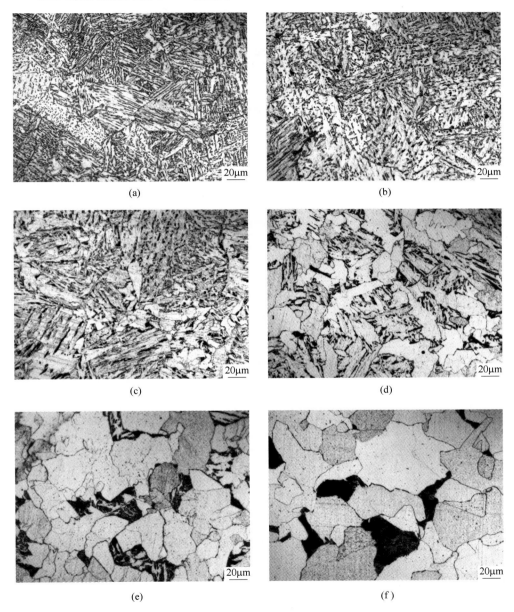

图 6-69 X60 的金相组织

（a）曲线 1 的金相组织（冷速 Ac_3-RT，50s）；（b）曲线 2 的金相组织（冷速 Ac_3-RT，200s）；

（c）曲线 3 的金相组织（冷速 Ac_3-RT，500s）；（d）曲线 4 的金相组织（冷速 Ac_3-RT，1000s）；

（e）曲线 5 的金相组织（冷速 Ac_3-RT，1000℃/h）；（f）曲线 6 的金相组织（冷速 Ac_3-RT，100℃/h）

6.5.4 X80（CCT）

X80 的成分如表 6-70 所示。

表 6-70 X80 的化学成分

化学成分（质量分数）/%								
C	Si	Mn	Cr	Ti	V	Ni	Cu	Nb
0.065	0.293	1.823	0.184	0.009	0.04	0.265	0.182	0.032
原始状态：锻态			奥氏体化：950℃，5min					

X80 的金相组织如图 6-70 所示。

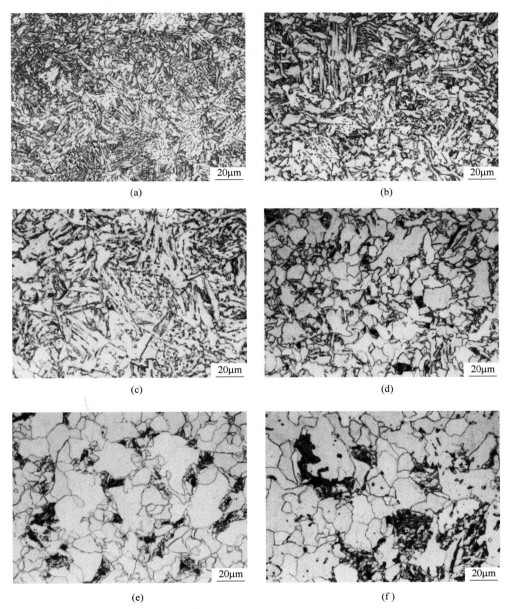

图 6-70 X80 的金相组织

（a）曲线 1 的金相组织（冷速 Ac_3-RT，20s）；（b）曲线 2 的金相组织（冷速 Ac_3-RT，100s）；

（c）曲线 3 的金相组织（冷速 Ac_3-RT，200s）；（d）曲线 4 的金相组织（冷速 Ac_3-RT，500s）；

（e）曲线 5 的金相组织（冷速 Ac_3-RT，1000℃/h）；（f）曲线 6 的金相组织（冷速 Ac_3-RT，200℃/h）

6.5.5　X100（CCT）

　　X100 的成分如表 6-71 所示。

表 6-71　X100 的化学成分

化学成分（质量分数）/%										
C	Si	Mn	P	S	Cr	Ni	Mo	Nb	Ti	Cu
0.05	0.21	1.96	0.009	0.002	0.29	0.39	0.25	0.1	0.12	0.21
原始状态：热轧					奥氏体化：950℃，5min					

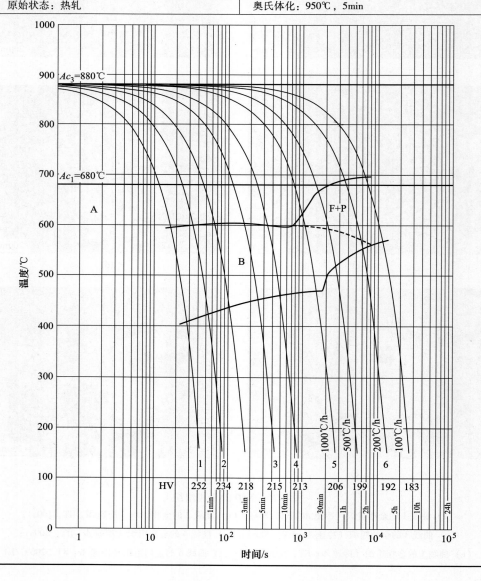

X100 的金相组织如图 6-71 所示。

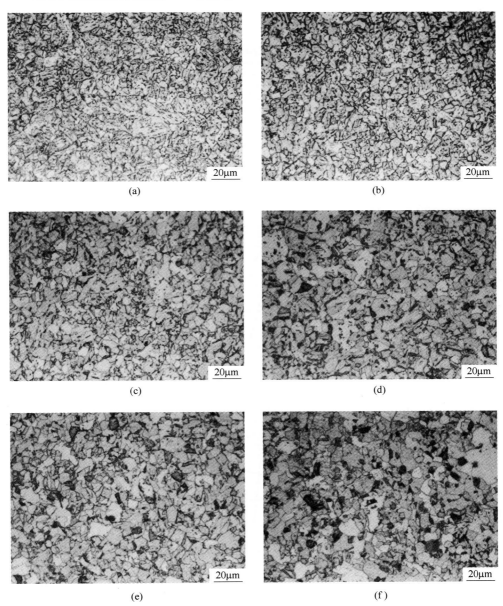

图 6-71　X100 的金相组织

（a）曲线 1 的金相组织（冷速 Ac_3-RT，20s）；（b）曲线 2 的金相组织（冷速 Ac_3-RT，50s）；

（c）曲线 3 的金相组织（冷速 Ac_3-RT，500s）；（d）曲线 4 的金相组织（冷速 Ac_3-RT，1000s）；

（e）曲线 5 的金相组织（冷速 Ac_3-RT，1000℃/h）；（f）曲线 6 的金相组织（冷速 Ac_3-RT，200℃/h）

6.5.6 X120（CCT）

X120 的成分如表 6-72 所示。

表 6-72 X120 的化学成分

化学成分（质量分数）/%										
C	Si	Mn	P	S	Cr	Ni	Mo	Nb	Ti	Cu
0.03	0.20	2.6	0.0059	0.0018	0.65	0.78	0.38	0.06	0.01	0.48
原始状态：退火					奥氏体化：1200℃，5min					

X120 的金相组织如图 6-72 所示。

图 6-72 X120 的金相组织

（a）曲线 1 的金相组织（冷速 Ac_3-RT，50s）；（b）曲线 2 的金相组织（冷速 Ac_3-RT，100s）；

（c）曲线 3 的金相组织（冷速 Ac_3-RT，200s）；（d）曲线 4 的金相组织（冷速 Ac_3-RT，1000s）；

（e）曲线 5 的金相组织（冷速 Ac_3-RT，500℃/h）；（f）曲线 6 的金相组织（冷速 Ac_3-RT，100℃/h）

6.5.7 CT80（CCT）

CT80 的成分如表 6-73 所示。

表 6-73 CT80 的化学成分

化学成分（质量分数）/%									
C	Si	Mn	P	S	Cr	Ni	Mo	Nb	Cu
0.12	0.37	0.88	0.011	0.001	0.55	0.17	0.15	0.02	0.17
原始状态：热轧					奥氏体化：950℃，5min				

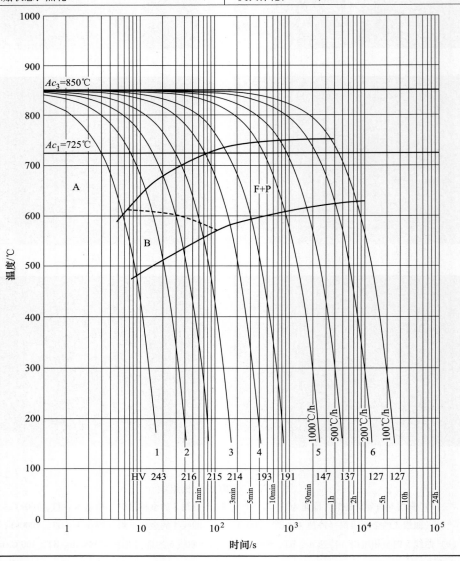

CT80 的金相组织如图 6-73 所示。

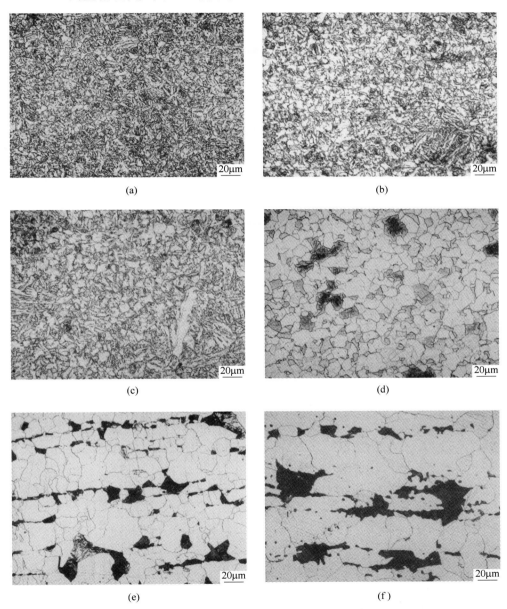

图 6-73 CT80 的金相组织

（a）曲线 1 的金相组织（冷速 Ac_3-RT，20s）；（b）曲线 2 的金相组织（冷速 Ac_3-RT，50s）；

（c）曲线 3 的金相组织（冷速 Ac_3-RT，200s）；（d）曲线 4 的金相组织（冷速 Ac_3-RT，500s）；

（e）曲线 5 的金相组织（冷速 Ac_3-RT，1000℃/h）；（f）曲线 6 的金相组织（冷速 Ac_3-RT，200℃/h）

6.5.8　CT80（TTT）

CT80 的成分如表 6-74 所示。

表 6-74　CT80 的化学成分

化学成分（质量分数）/%									
C	Si	Mn	P	S	Cr	Ni	Mo	Nb	Cu
0.12	0.37	0.88	0.011	0.001	0.55	0.17	0.15	0.02	0.17
原始状态：热轧					奥氏体化：950℃，5min				

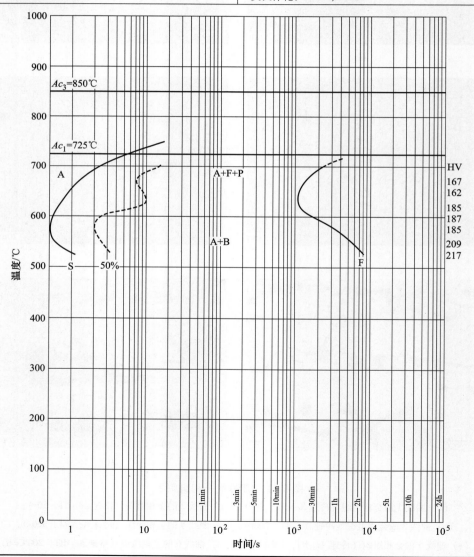

CT80 的金相组织如图 6-74 所示。

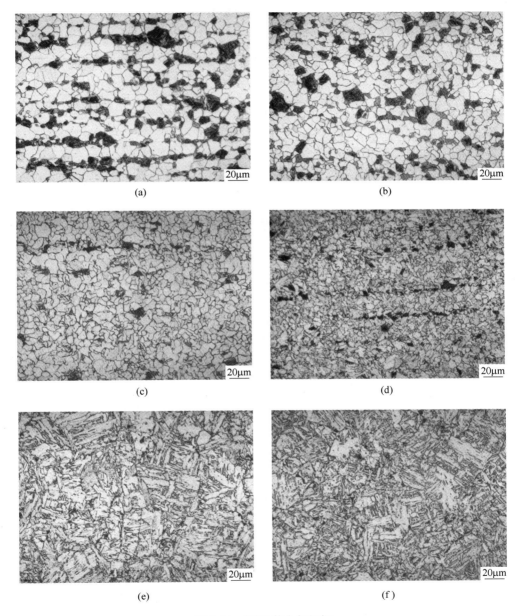

图 6-74　CT80 的金相组织

（a）曲线金相组织（等温温度 725℃）；（b）曲线金相组织（等温温度 700℃）；

（c）曲线金相组织（等温温度 650℃）；（d）曲线金相组织（等温温度 575℃）；

（e）曲线金相组织（等温温度 550℃）；（f）曲线金相组织（等温温度 525℃）

6.5.9 CT90（CCT）

CT90 的成分如表 6-75 所示。

表 6-75 CT90 的化学成分

化学成分（质量分数）/%									
C	Si	Mn	P	S	Cr	Ni	Mo	Nb	Cu
0.14	0.35	0.9	0.014	0.003	0.591	0.232	0.201	0.025	0.241
原始状态：热轧					奥氏体化：950℃，5min				

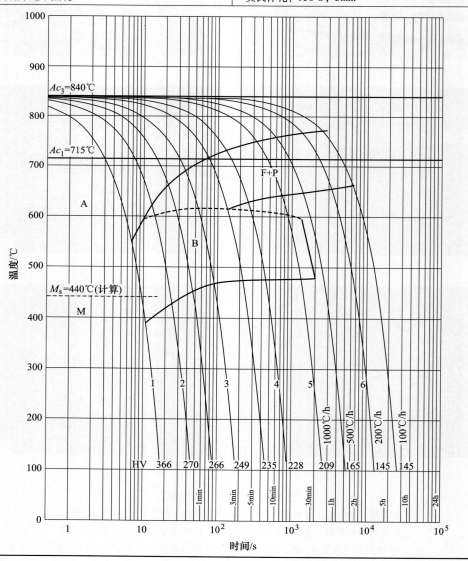

CT90 的金相组织如图 6-75 所示。

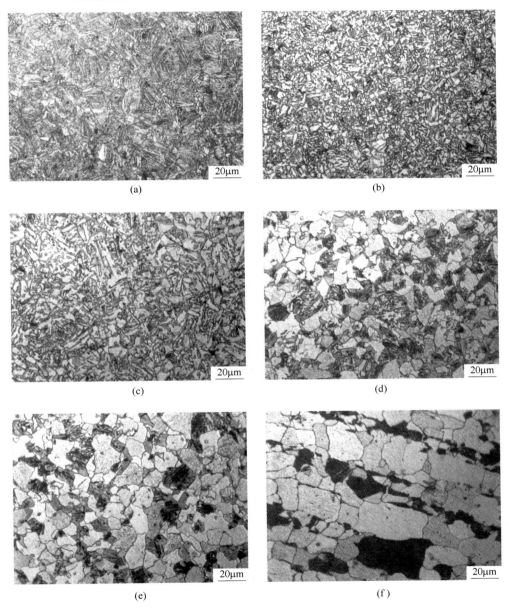

图 6-75   CT90 的金相组织

（a）曲线 1 的金相组织（冷速 Ac_3-RT，20s）；（b）曲线 2 的金相组织（冷速 Ac_3-RT，50s）；

（c）曲线 3 的金相组织（冷速 Ac_3-RT，200s）；（d）曲线 4 的金相组织（冷速 Ac_3-RT，1000s）；

（e）曲线 5 的金相组织（冷速 Ac_3-RT，1000℃/h）；（f）曲线 6 的金相组织（冷速 Ac_3-RT，200℃/h）

6.5.10 06Mn2NbTiB（CCT）

06Mn2NbTiB 的成分如表 6-76 所示。

表 6-76 06Mn2NbTiB 的化学成分

化学成分（质量分数）/%									
C	Si	Mn	S	P	Nb	Ti	Al	B	N
0.057	0.2	1.74	0.01	0.007	0.06	0.14	0.02	0.0018	0.0026
原始状态：热轧					奥氏体化：920℃，5min				

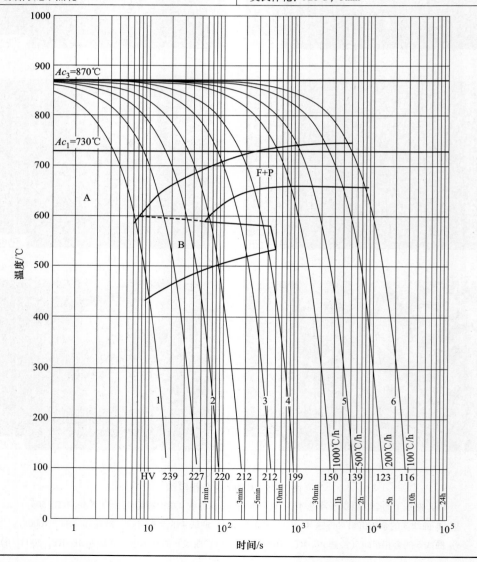

06Mn2NbTiB 的金相组织如图 6-76 所示。

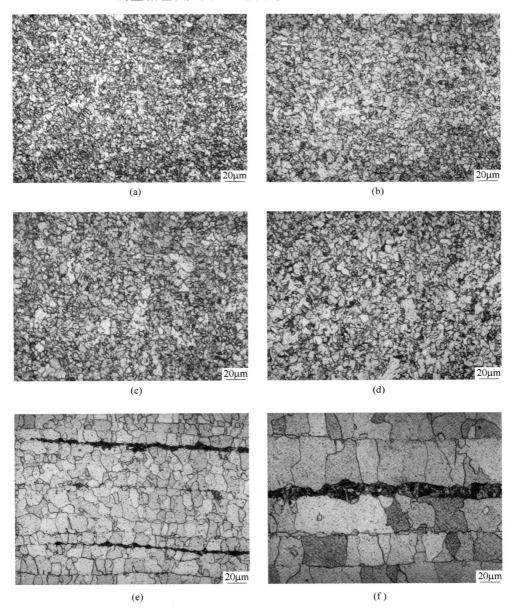

图 6-76　06Mn2NbTiB 的金相组织

（a）曲线 1 的金相组织（冷速 Ac_3-RT，20s）；（b）曲线 2 的金相组织（冷速 Ac_3-RT，100s）；
（c）曲线 3 的金相组织（冷速 Ac_3-RT，500s）；（d）曲线 4 的金相组织（冷速 Ac_3-RT，1000s）；
（e）曲线 5 的金相组织（冷速 Ac_3-RT，500℃/h）；（f）曲线 6 的金相组织（冷速 Ac_3-RT，100℃/h）

6.5.11 08Mn2MoTiNb（CCT）

08Mn2MoTiNb 的成分如表 6-77 所示。

表 6-77 08Mn2MoTiNb 的化学成分

化学成分（质量分数）/%									
C	Si	Mn	S	P	Mo	Ti	Al	Nb	N
0.084	0.14	1.84	0.001	0.011	0.095	0.13	0.069	0.062	0.006
原始状态：热轧					奥氏体化：920℃，5min				

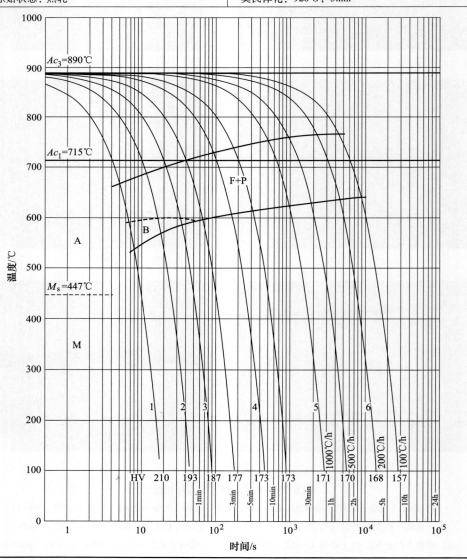

08Mn2MoTiNb 的金相组织如图 6-77 所示。

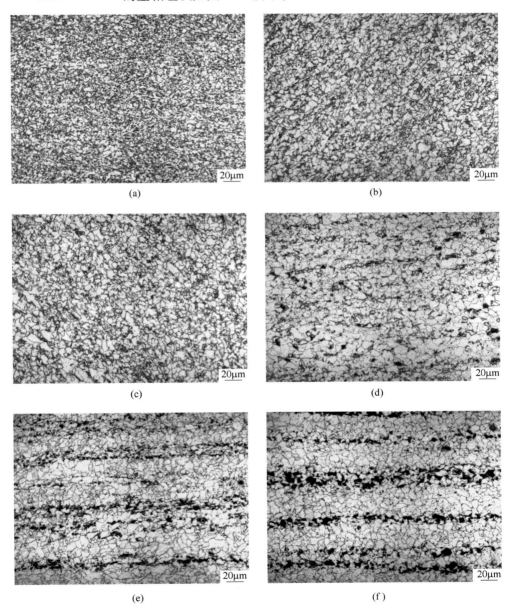

图 6-77 08Mn2MoTiNb 的金相组织

（a）曲线 1 的金相组织（冷速 Ac_3-RT，20s）；（b）曲线 2 的金相组织（冷速 Ac_3-RT，50s）；

（c）曲线 3 的金相组织（冷速 Ac_3-RT，100s）；（d）曲线 4 的金相组织（冷速 Ac_3-RT，500s）；

（e）曲线 5 的金相组织（冷速 Ac_3-RT，1000℃/h）；（f）曲线 6 的金相组织（冷速 Ac_3-RT，200℃/h）

6.5.12　12Mn（CCT）

12Mn 的成分如表 6-78 所示。

表 6-78　12Mn 的化学成分

化学成分（质量分数）/%					
C	Si	Mn	P	S	Al
0.1	0.33	1.25	0.011	0.002	0.028
原始状态：退火			奥氏体化：950℃，5min		

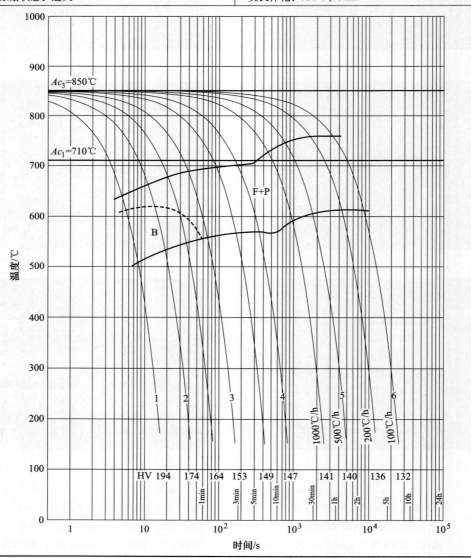

12Mn 的金相组织如图 6-78 所示。

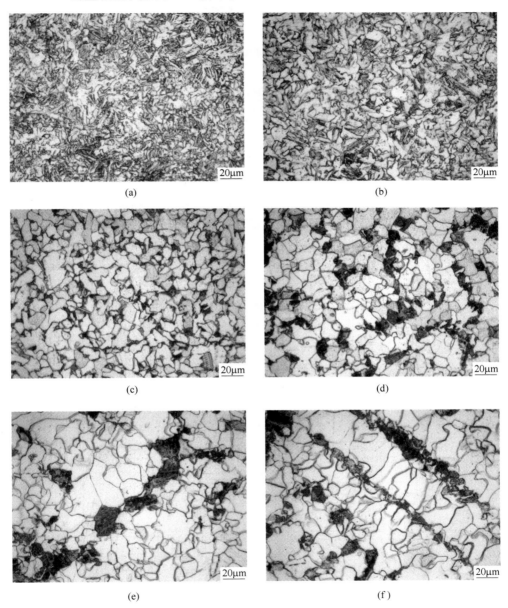

图 6-78　12Mn 的金相组织

（a）曲线 1 的金相组织（冷速 Ac_3-RT，20s）；（b）曲线 2 的金相组织（冷速 Ac_3-RT，50s）；

（c）曲线 3 的金相组织（冷速 Ac_3-RT，200s）；（d）曲线 4 的金相组织（冷速 Ac_3-RT，1000s）；

（e）曲线 5 的金相组织（冷速 Ac_3-RT，500℃/h）；（f）曲线 6 的金相组织（冷速 Ac_3-RT，100℃/h）

6.5.13　U71MnCr（CCT）

U71MnCr 的成分如表6-79 所示。

表 6-79　U71MnCr 的化学成分

化学成分（质量分数）/%				
C	Si	Mn	Cr	Al
0.65	0.61	1	0.96	0.05
原始状态：退火			奥氏体化：950℃，5min	

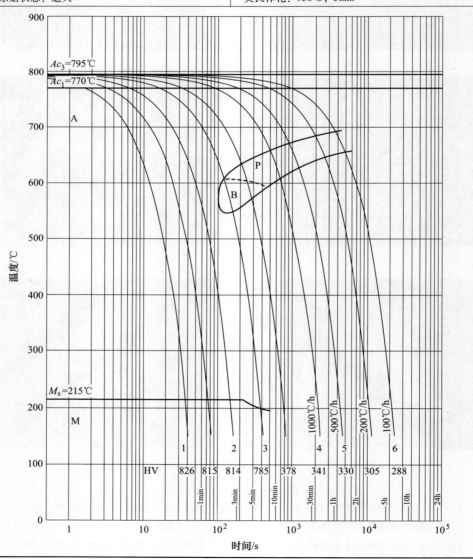

U71MnCr 的金相组织如图 6-79 所示。

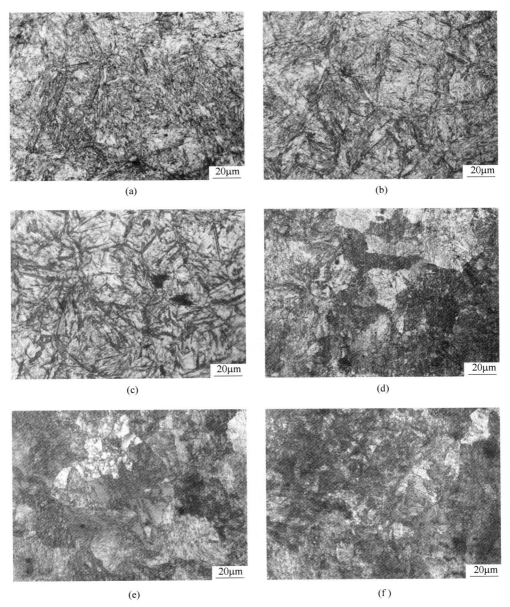

图 6-79 U71MnCr 的金相组织

（a）曲线 1 的金相组织（冷速 Ac_3-RT，50s）；（b）曲线 2 的金相组织（冷速 Ac_3-RT，200s）；

（c）曲线 3 的金相组织（冷速 Ac_3-RT，1000s）；（d）曲线 4 的金相组织（冷速 Ac_3-RT，1000℃/h）；

（e）曲线 5 的金相组织（冷速 Ac_3-RT，500℃/h）；（f）曲线 6 的金相组织（冷速 Ac_3-RT，100℃/h）

6.5.14　06NiCu（CCT）

06NiCu 的成分如表 6-80 所示。

表 6-80　06NiCu 的化学成分

化学成分（质量分数）/%									
C	Si	Mn	P	S	Cr	Ni	Cu	Mo	Ti
0.062	0.29	0.59	0.0081	0.0026	0.82	1.37	1.30	0.27	0.016
原始状态：正火					奥氏体化：900℃，5min				

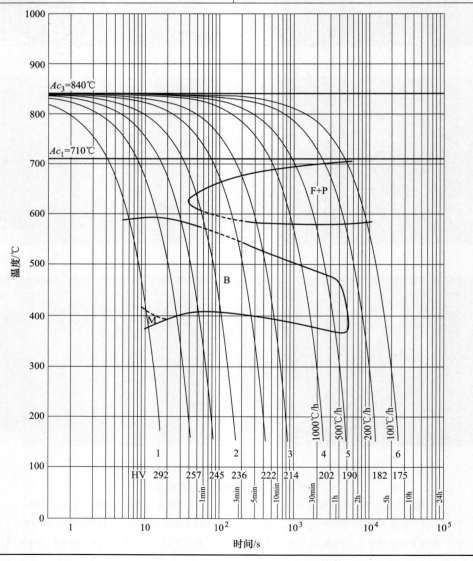

06NiCu 的金相组织如图 6-80 所示。

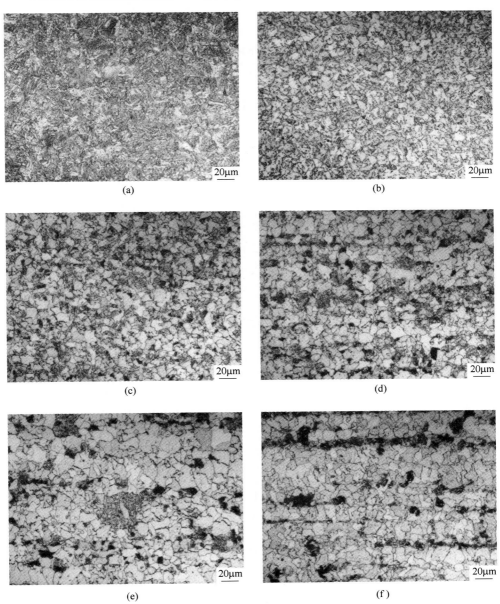

图 6-80 06NiCu 的金相组织

（a）曲线 1 的金相组织（冷速 Ac_3-RT，20s）；（b）曲线 2 的金相组织（冷速 Ac_3-RT，200s）；

（c）曲线 3 的金相组织（冷速 Ac_3-RT，1000s）；（d）曲线 4 的金相组织（冷速 Ac_3-RT，1000℃/h）；

（e）曲线 5 的金相组织（冷速 Ac_3-RT，500℃/h）；（f）曲线 6 的金相组织（冷速 Ac_3-RT，100℃/h）

6.5.15 1CrNH (CCT)

1CrNH 的成分如表 6-81 所示。

表 6-81 1CrNH 的化学成分

化学成分（质量分数）/%					
C	Si	Mn	P	S	Cr
0.08	0.13	0.66	0.015	0.005	1
原始状态：热轧			奥氏体化：900℃，5min		

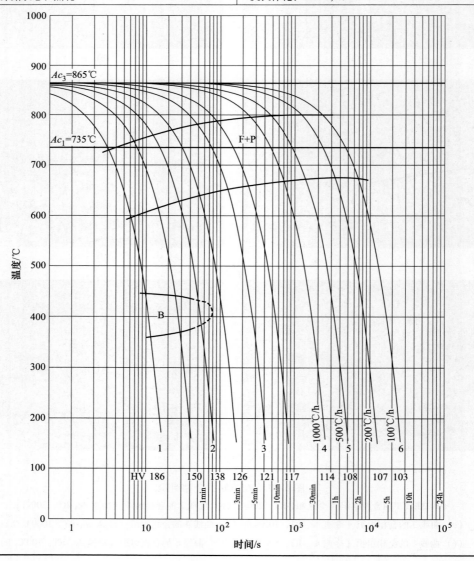

1CrNH 的金相组织如图 6-81 所示。

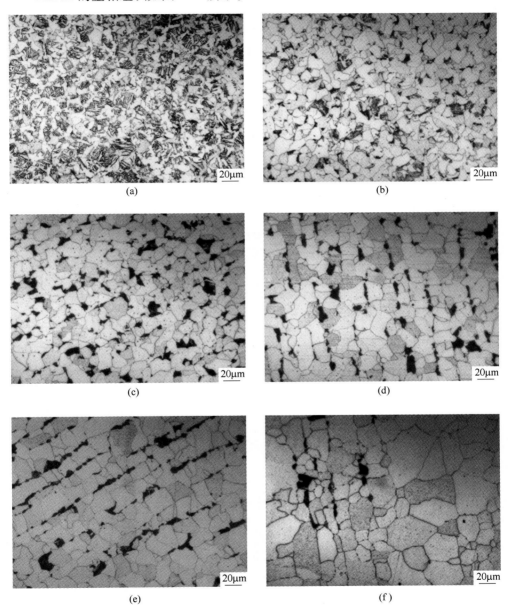

图 6-81 1CrNH 的金相组织

(a) 曲线 1 的金相组织（冷速 Ac_3-RT，20s）；（b）曲线 2 的金相组织（冷速 Ac_3-RT，100s）；

(c) 曲线 3 的金相组织（冷速 Ac_3-RT，500s）；（d）曲线 4 的金相组织（冷速 Ac_3-RT，1000℃/h）；

(e) 曲线 5 的金相组织（冷速 Ac_3-RT，500℃/h）；（f）曲线 6 的金相组织（冷速 Ac_3-RT，100℃/h）

6.5.16 ZM5 (CCT)

ZM5 的成分如表 6-82 所示。

表 6-82 ZM5 的化学成分

化学成分（质量分数）/%								
C	Si	Mn	Cr	Mo	Ni	Cu	Co	Al
0.317	1.114	0.226	0.968	0.308	0.452	0.363	0.0220	0.0196
原始状态：热轧			奥氏体化：900℃，5min					

ZM5 的金相组织如图 6-82 所示。

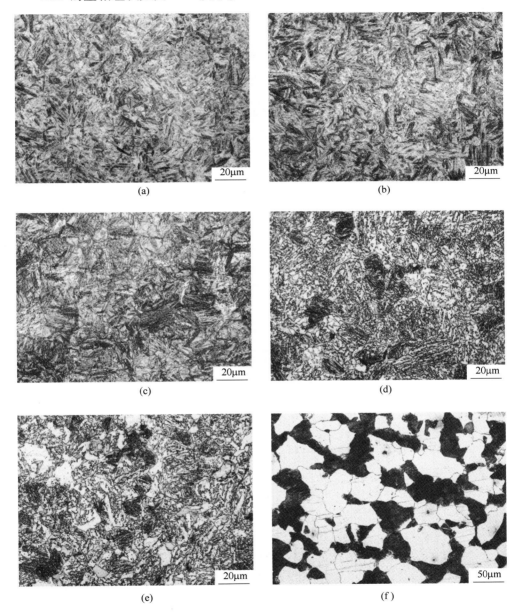

图 6-82　ZM5 的金相组织

（a）曲线 1 的金相组织（冷速 Ac_3-RT，50s）；（b）曲线 2 的金相组织（冷速 Ac_3-RT，200s）；

（c）曲线 3 的金相组织（冷速 Ac_3-RT，500s）；（d）曲线 4 的金相组织（冷速 Ac_3-RT，1000℃/h）；

（e）曲线 5 的金相组织（冷速 Ac_3-RT，500℃/h）；（f）曲线 6 的金相组织（冷速 Ac_3-RT，100℃/h）

6.5.17　D2（CCT）

D2 的成分如表 6-83 所示。

表 6-83　D2 的化学成分

化学成分（质量分数）/%						
C	Si	Mn	P	S	Cr	V
0.53	0.80	0.70	0.0001	0.008	0.2	0.1
原始状态：轧态			奥氏体化：860℃，5min			

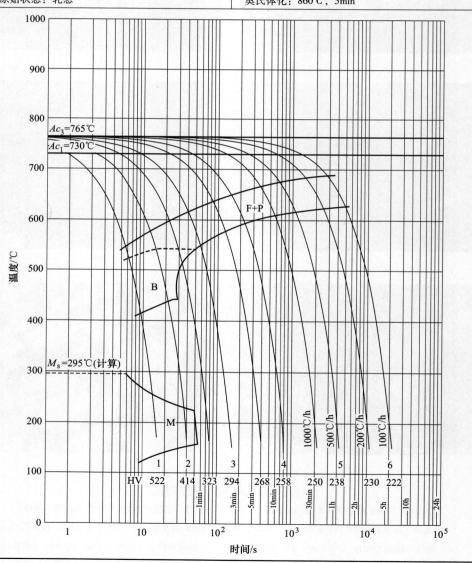

D2 的金相组织如图 6-83 所示。

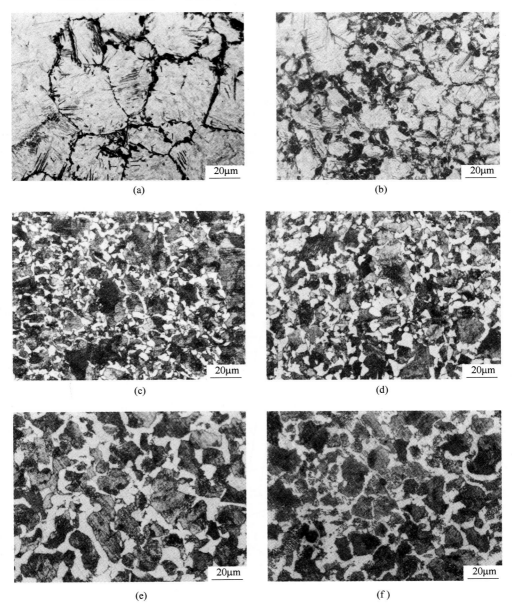

图 6-83 D2 的金相组织

(a) 曲线 1 的金相组织（冷速 Ac_3-RT，20s）；(b) 曲线 2 的金相组织（冷速 Ac_3-RT，50s）；

(c) 曲线 3 的金相组织（冷速 Ac_3-RT，200s）；(d) 曲线 4 的金相组织（冷速 Ac_3-RT，1000s）；

(e) 曲线 5 的金相组织（冷速 Ac_3-RT，500℃/h）；(f) 曲线 6 的金相组织（冷速 Ac_3-RT，100℃/h）

6.6　弹　簧　钢

6.6.1　40SiMnVB（CCT）

40SiMnVB 的成分如表 6-84 所示。

表 6-84　40SiMnVB 的化学成分

化学成分（质量分数）/%						
C	Si	Mn	P	S	V	B
0.42	0.37	1.08	0.006	0.007	0.1	0.002
原始状态：退火			奥氏体化：900℃，5min			

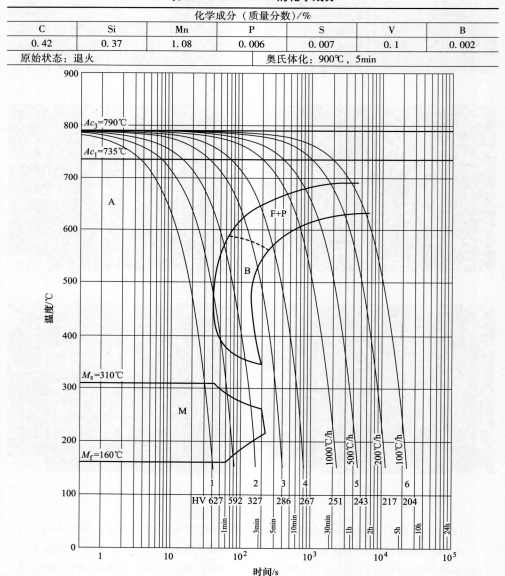

40SiMnVB 的金相组织如图 6-84 所示。

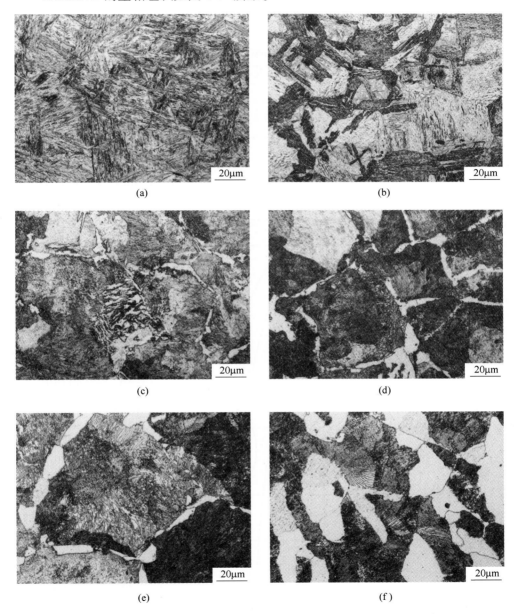

图 6-84 40SiMnVB 的金相组织

（a）曲线 1 的金相组织（冷速 Ac_3-RT，50s）；（b）曲线 2 的金相组织（冷速 Ac_3-RT，200s）；
（c）曲线 3 的金相组织（冷速 Ac_3-RT，500s）；（d）曲线 4 的金相组织（冷速 Ac_3-RT，1000s）；
（e）曲线 5 的金相组织（冷速 Ac_3-RT，500℃/h）；（f）曲线 6 的金相组织（冷速 Ac_3-RT，100℃/h）

6.6.2 50CrMnSiVNb（CCT）

50CrMnSiVNb 的成分如表 6-85 所示。

表 6-85 50CrMnSiVNb 的化学成分

化学成分（质量分数）/%									
C	Si	Mn	P	S	Cr	Ni	Mo	V	Nb
0.52	0.92	0.93	0.0086	0.021	0.98	0.043	0.015	0.053	0.048
原始状态：回火				奥氏体化：900℃，5min					

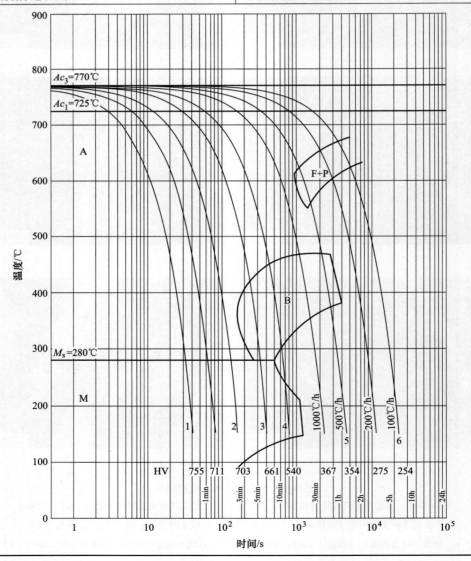

50CrMnSiVNb 的金相组织如图 6-85 所示。

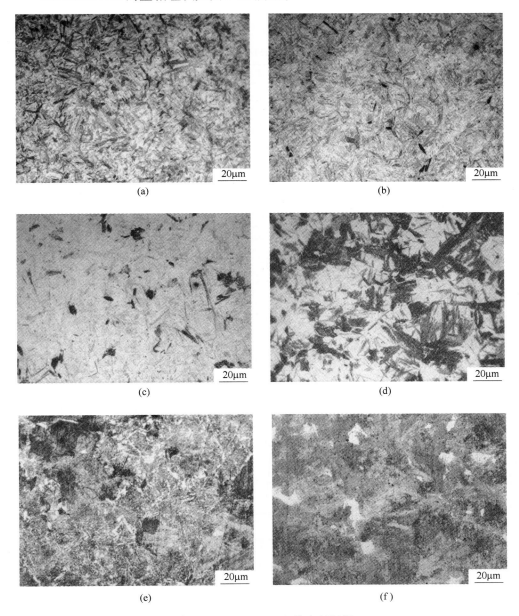

图 6-85　50CrMnSiVNb 的金相组织

（a）曲线 1 的金相组织（冷速 Ac_3-RT，50s）；（b）曲线 2 的金相组织（冷速 Ac_3-RT，200s）；
（c）曲线 3 的金相组织（冷速 Ac_3-RT，500s）；（d）曲线 4 的金相组织（冷速 Ac_3-RT，1000s）；
（e）曲线 5 的金相组织（冷速 Ac_3-RT，500℃/h）；（f）曲线 6 的金相组织（冷速 Ac_3-RT，100℃/h）

6.6.3　55CrSiA（CCT）

55CrSiA 的成分如表 6-86 所示。

表 6-86　55CrSiA 的化学成分

化学成分（质量分数）/%							
C	Si	Mn	P	S	Cr	Ni	Cu
0. 55	1. 45	0. 64	0. 009	0. 006	0. 65	0. 06	0. 1
原始状态：热轧			奥氏体化：880℃，5min				

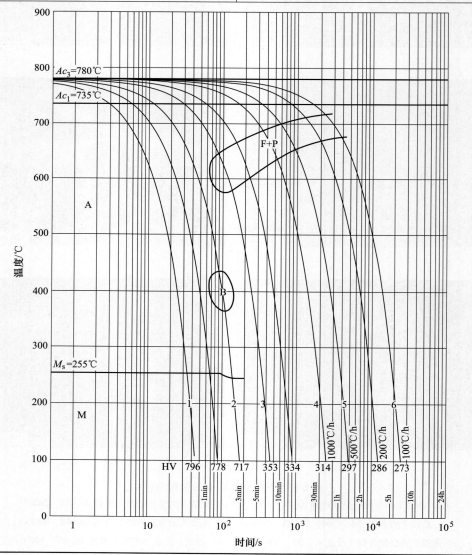

55CrSiA 的金相组织如图 6-86 所示。

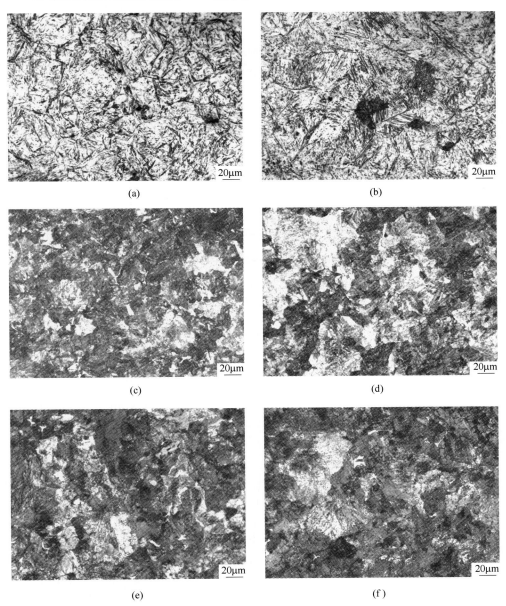

图 6-86　55CrSiA 的金相组织

（a）曲线 1 的金相组织（冷速 Ac_3-RT，50s）；（b）曲线 2 的金相组织（冷速 Ac_3-RT，200s）；

（c）曲线 3 的金相组织（冷速 Ac_3-RT，500s）；（d）曲线 4 的金相组织（冷速 Ac_3-RT，1000℃/h）；

（e）曲线 5 的金相组织（冷速 Ac_3-RT，500℃/h）；（f）曲线 6 的金相组织（冷速 Ac_3-RT，100℃/h）

6.6.4   60Si2MnA（CCT）

60Si2MnA 的成分如表 6-87 所示。

表 6-87   60Si2MnA 的化学成分

化学成分（质量分数）/%							
C	Si	Mn	P	S	Cr	Ni	Cu
0.57	1.79	0.73	0.006	0.005	0.2	0.02	0.07
原始状态：热轧			奥氏体化：870℃，5min				

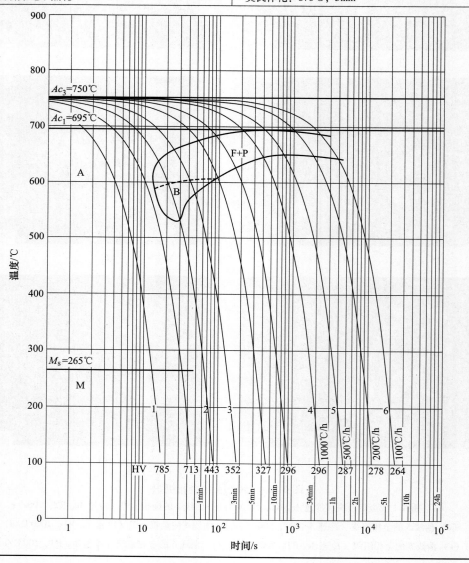

60Si2MnA 的金相组织如图 6-87 所示。

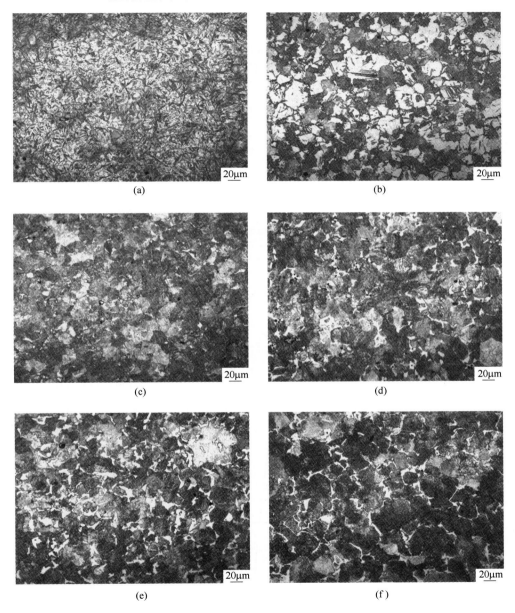

图 6-87　60Si2MnA 的金相组织

（a）曲线 1 的金相组织（冷速 Ac_3-RT，20s）；（b）曲线 2 的金相组织（冷速 Ac_3-RT，100s）；
（c）曲线 3 的金相组织（冷速 Ac_3-RT，200s）；（d）曲线 4 的金相组织（冷速 Ac_3-RT，1000℃/h）；
（e）曲线 5 的金相组织（冷速 Ac_3-RT，500℃/h）；（f）曲线 6 的金相组织（冷速 Ac_3-RT，100℃/h）

6.6.5 60Si2CrVAT（CCT）

60Si2CrVAT 的成分如表6-88所示。

表 6-88 60Si2CrVAT 的化学成分

化学成分（质量分数）/%								
C	Si	Mn	P	S	Cr	Ni	Cu	V
0.6	1.54	0.63	0.006	0.001	1.05	0.008	0.017	0.14
原始状态：退火				奥氏体化：925℃，5min				

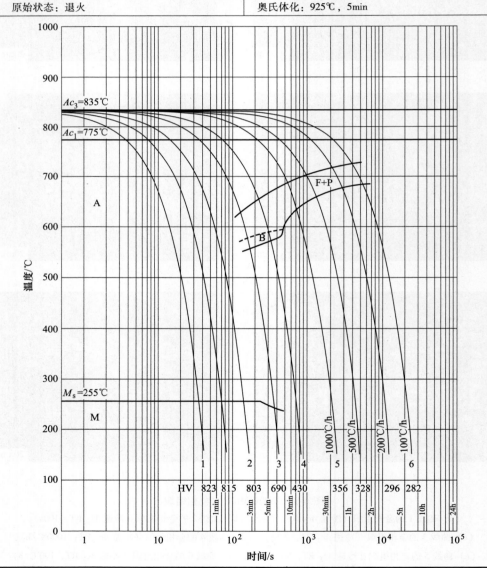

60Si2CrVAT 的金相组织如图 6-88 所示。

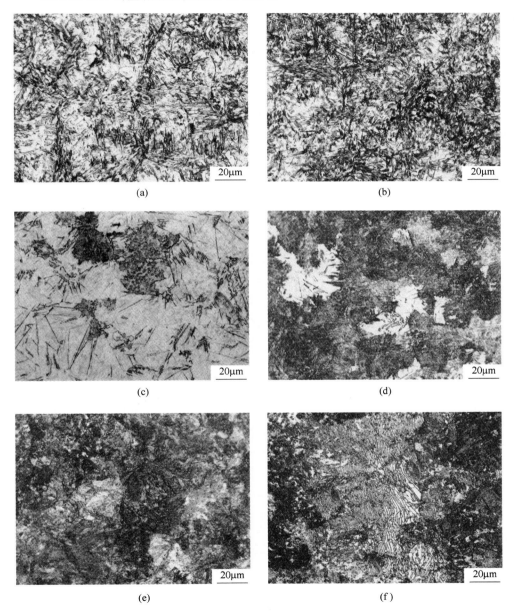

图 6-88　60Si2CrVAT 的金相组织

（a）曲线 1 的金相组织（冷速 Ac_3-RT，50s）；（b）曲线 2 的金相组织（冷速 Ac_3-RT，200s）；

（c）曲线 3 的金相组织（冷速 Ac_3-RT，500s）；（d）曲线 4 的金相组织（冷速 Ac_3-RT，1000s）；

（e）曲线 5 的金相组织（冷速 Ac_3-RT，1000℃/h）；（f）曲线 6 的金相组织（冷速 Ac_3-RT，100℃/h）

6.6.6 60Si2CrVAT（TTT）

60Si2CrVAT 的成分如表 6-89 所示。

表 6-89 60Si2CrVAT 的化学成分

化学成分（质量分数）/%								
C	Si	Mn	P	S	Cr	Ni	Cu	V
0.6	1.54	0.63	0.006	0.001	1.05	0.008	0.017	0.14
原始状态：退火				奥氏体化：920℃，5min				

60Si2CrVAT 的金相组织如图 6-89 所示。

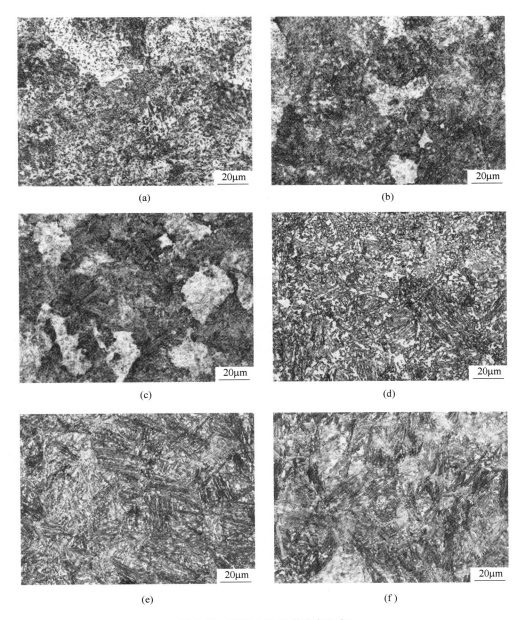

图 6-89　60Si2CrVAT 的金相组织

（a）曲线金相组织（等温温度 725℃）；（b）曲线金相组织（等温温度 650℃）；

（c）曲线金相组织（等温温度 550℃）；（d）曲线金相组织（等温温度 400℃）；

（e）曲线金相组织（等温温度 350℃）；（f）曲线金相组织（等温温度 325℃）

6.6.7　77B（CCT）

77B 的成分如表 6-90 所示。

表 6-90　77B 的化学成分

化学成分（质量分数）/%					
C	Si	Mn	P	S	Cr
0.79	0.24	0.81	0.007	0.005	0.2
原始状态：退火			奥氏体化：920℃，5min		

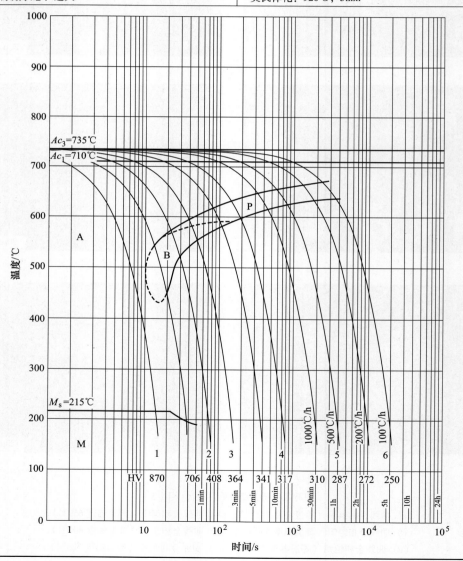

77B 的金相组织如图 6-90 所示。

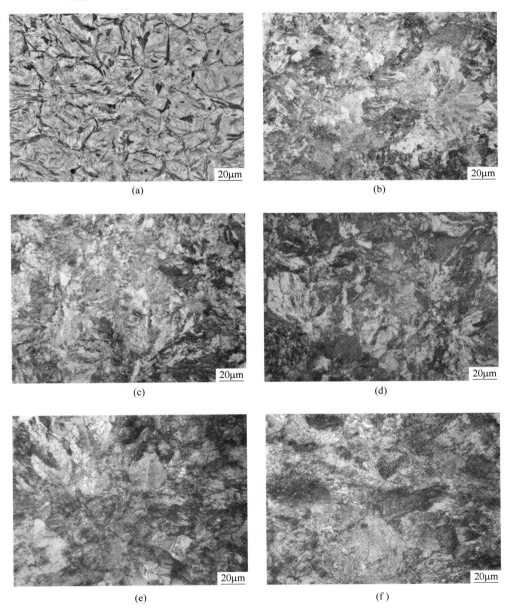

图 6-90　77B 的金相组织

（a）曲线 1 的金相组织（冷速 Ac_3-RT，20s）；（b）曲线 2 的金相组织（冷速 Ac_3-RT，100s）；

（c）曲线 3 的金相组织（冷速 Ac_3-RT，200s）；（d）曲线 4 的金相组织（冷速 Ac_3-RT，1000s）；

（e）曲线 5 的金相组织（冷速 Ac_3-RT，500℃/h）；（f）曲线 6 的金相组织（冷速 Ac_3-RT，100℃/h）

6.6.8　82B（CCT）

82B 的成分如表 6-91 所示。

表 6-91　82B 的化学成分

化学成分（质量分数）/%									
C	Si	Mn	P	S	Cr	Ni	Cu	Als	Alt
0.82	0.20	0.75	0.011	0.011	0.29	0.0075	0.0049	0.0005	0.0018
原始状态：轧态					奥氏体化：950℃，6min				

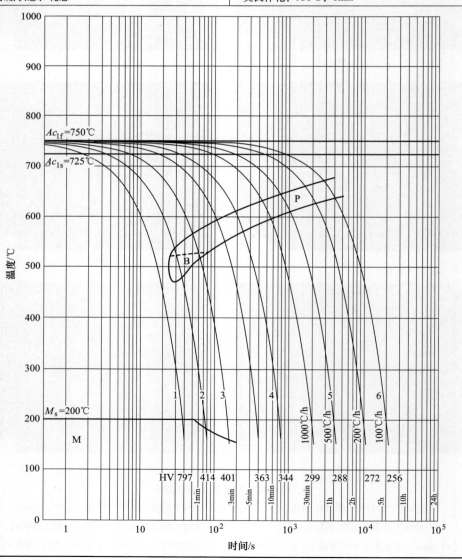

82B 的金相组织如图 6-91 所示。

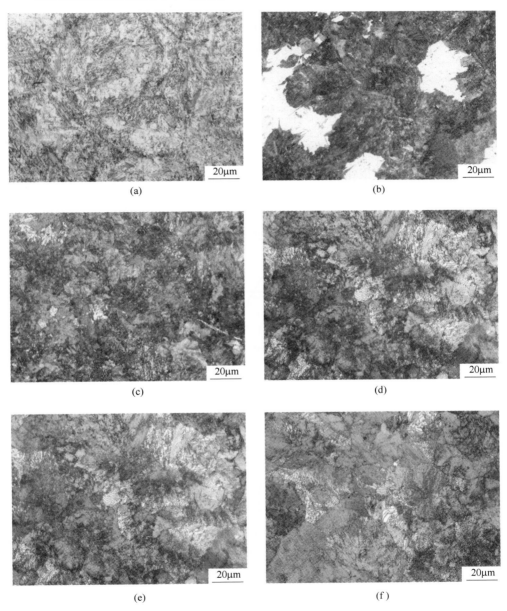

图 6-91 82B 的金相组织

（a）曲线 1 的金相组织（冷速 Ac_3-RT，50s）；（b）曲线 2 的金相组织（冷速 Ac_3-RT，100s）；

（c）曲线 3 的金相组织（冷速 Ac_3-RT，500s）；（d）曲线 4 的金相组织（冷速 Ac_3-RT，1000s）；

（e）曲线 5 的金相组织（冷速 Ac_3-RT，500℃/h）；（f）曲线 6 的金相组织（冷速 Ac_3-RT，100℃/h）

6.6.9 54CrSi2MnVNb（CCT）

54CrSi2MnVNb 的成分如表 6-92 所示。

表 6-92 54CrSi2MnVNb 的化学成分

化学成分（质量分数）/%									
C	Si	Mn	P	S	Cr	Nb	V	Al	N
0.54	1.6	1.03	0.006	0.001	0.72	0.036	0.12	0.021	0.004
原始状态：退火					奥氏体化：920℃，5min				

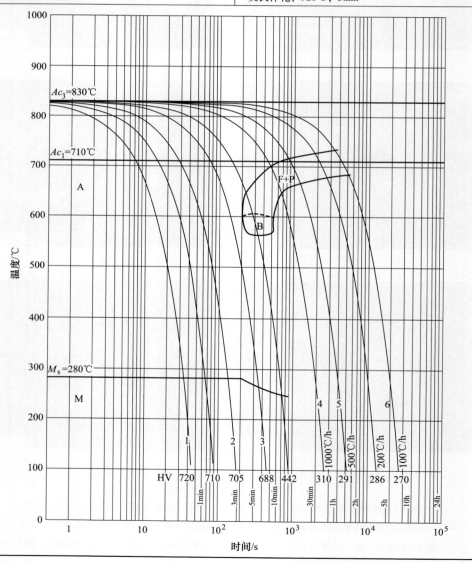

54CrSi2MnVNb 的金相组织如图 6-92 所示。

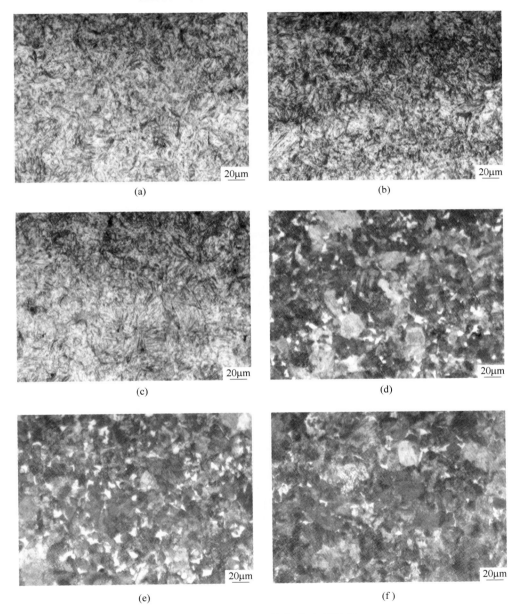

图 6-92　54CrSi2MnVNb 的金相组织

（a）曲线 1 的金相组织（冷速 Ac_3-RT，50s）；（b）曲线 2 的金相组织（冷速 Ac_3-RT，200s）；
（c）曲线 3 的金相组织（冷速 Ac_3-RT，500s）；（d）曲线 4 的金相组织（冷速 Ac_3-RT，1000℃/h）；
（e）曲线 5 的金相组织（冷速 Ac_3-RT，500℃/h）；（f）曲线 6 的金相组织（冷速 Ac_3-RT，100℃/h）

6.6.10 48CrMoSi2MnVNb（CCT）

48CrMoSi2MnVNb 的成分如表 6-93 所示。

表 6-93 48CrMoSi2MnVNb 的化学成分

化学成分（质量分数）/%									
C	Si	Mn	P	S	Cr	Nb	V	Mo	N
0.48	1.68	1.06	0.006	0.008	0.8	0.048	0.14	0.27	0.004
原始状态：退火					奥氏体化：925℃，5min				

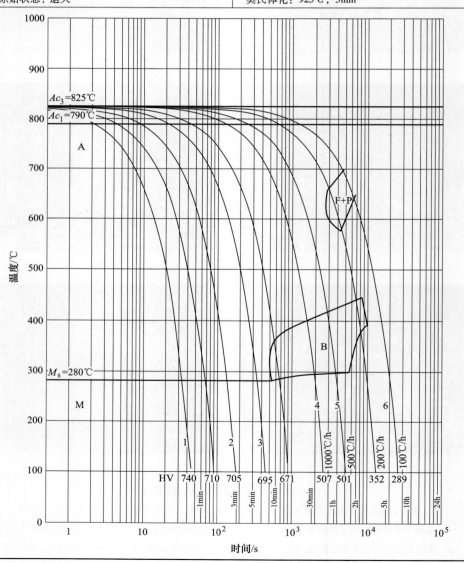

48CrMoSi2MnVNb 的金相组织如图 6-93 所示。

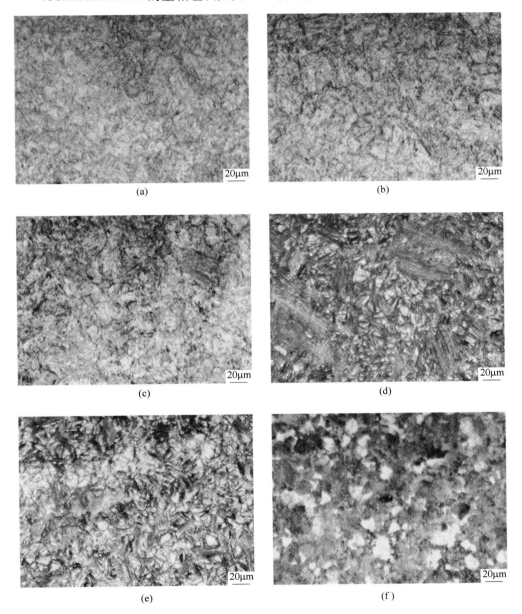

(a)

(b)

(c)

(d)

(e)

(f)

图 6-93　48CrMoSi2MnVNb 的金相组织

（a）曲线 1 的金相组织（冷速 Ac_3-RT，50s）；（b）曲线 2 的金相组织（冷速 Ac_3-RT，200s）；

（c）曲线 3 的金相组织（冷速 Ac_3-RT，500s）；（d）曲线 4 的金相组织（冷速 Ac_3-RT，1000℃/h）；

（e）曲线 5 的金相组织（冷速 Ac_3-RT，500℃/h）；（f）曲线 6 的金相组织（冷速 Ac_3-RT，100℃/h）

6.7 不 锈 钢

6.7.1 FV520B（CCT）

FV520B 的成分如表 6-94 所示。

表 6-94 FV520B 的化学成分

化学成分（质量分数）/%										
C	Si	Mn	P	S	Cr	Ni	Mo	V	Cu	Nb
0.03	0.43	0.71	0.023	0.002	13.57	5.08	1.20	0.094	1.39	0.31
原始状态：退火					奥氏体化：1050℃，10min					

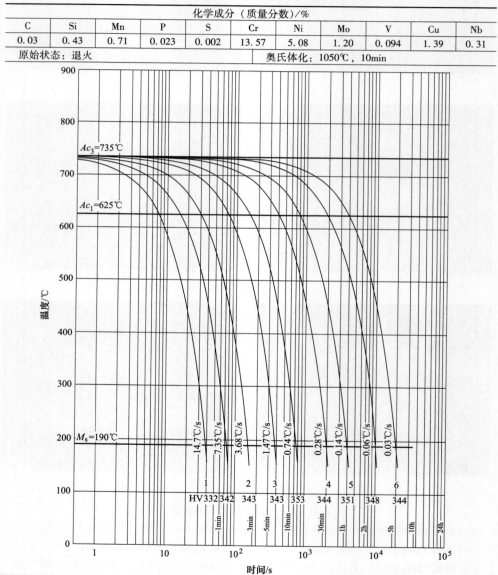

FV520B 的金相组织如图 6-94 所示。

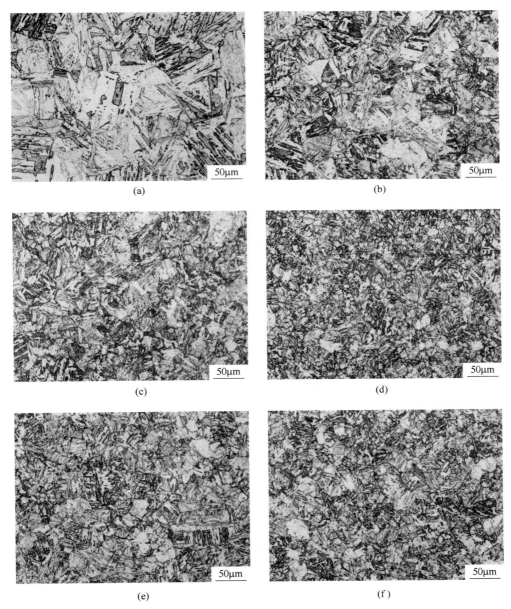

图 6-94 FV520B 的金相组织

（a）曲线 1 的金相组织（冷速 Ac_3-RT，14.7℃/s）；（b）曲线 2 的金相组织（冷速 Ac_3-RT，3.68℃/s）；

（c）曲线 3 的金相组织（冷速 Ac_3-RT，1.47℃/s）；（d）曲线 4 的金相组织（冷速 Ac_3-RT，0.28℃/s）；

（e）曲线 5 的金相组织（冷速 Ac_3-RT，0.14℃/s）；（f）曲线 6 的金相组织（冷速 Ac_3-RT，0.03℃/s）

6.7.2 3Cr13（CCT）

3Cr13 的成分如表 6-95 所示。

表 6-95 3Cr13 的化学成分

化学成分（质量分数）/%								
C	Si	Mn	P	S	Cr	Ni	Cu	Nb
0.31	0.42	0.65	0.036	0.004	12.67	0.11	0.13	0.02
原始状态：退火				奥氏体化：880℃，10min				

3Cr13 的金相组织如图 6-95 所示。

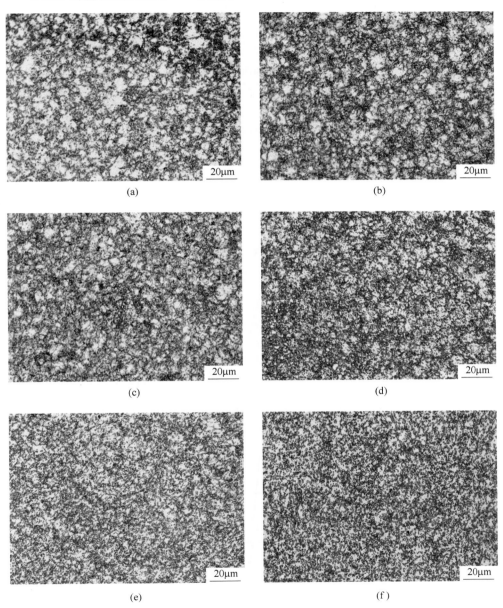

图 6-95　3Cr13 的金相组织

（a）曲线 1 的金相组织（冷速 Ac_3-RT，50s）；（b）曲线 2 的金相组织（冷速 Ac_3-RT，200s）；

（c）曲线 3 的金相组织（冷速 Ac_3-RT，1000s）；（d）曲线 4 的金相组织（冷速 Ac_3-RT，1000℃/h）；

（e）曲线 5 的金相组织（冷速 Ac_3-RT，200℃/h）；（f）曲线 6 的金相组织（冷速 Ac_3-RT，30℃/h）

6.8   耐   磨   钢

AMS6308 的成分如表 6-96 所示。

表 6-96   AMS6308 的化学成分

化学成分（质量分数）/%							
C	Si	Mn	Mo	V	Cu	Ni	Cr
0.1	0.86	0.31	3.21	0.09	2.31	2.11	0.99
原始状态：锻态				奥氏体化：930℃，5min			

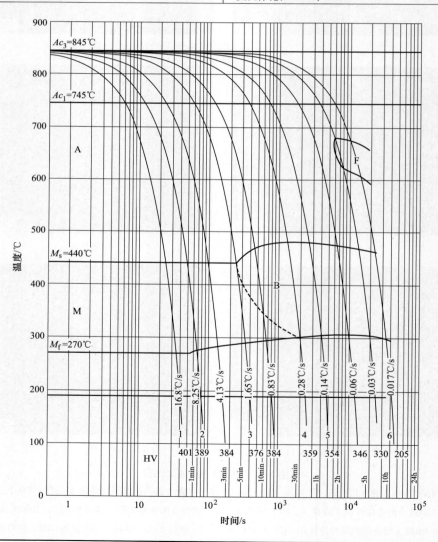

AMS6308 的金相组织如图 6-96 所示。

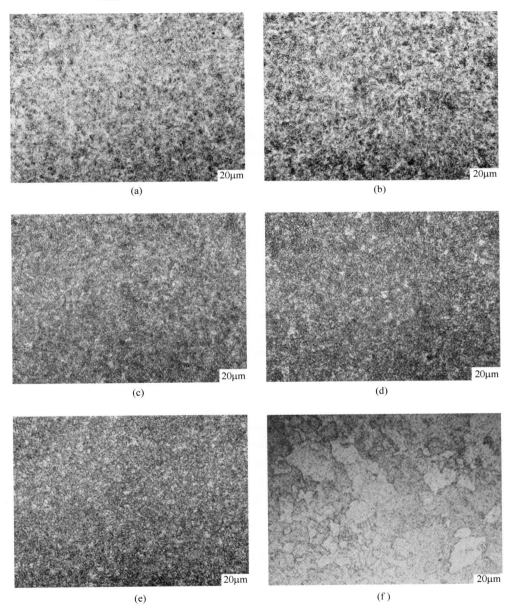

图 6-96 AMS6308 的金相组织

(a) 曲线 1 的金相组织（冷速 Ac_3-RT，16.8℃/s）；(b) 曲线 2 的金相组织（冷速 Ac_3-RT，8.25℃/s）；

(c) 曲线 3 的金相组织（冷速 Ac_3-RT，1.65℃/s）；(d) 曲线 4 的金相组织（冷速 Ac_3-RT，0.28℃/s）；

(e) 曲线 5 的金相组织（冷速 Ac_3-RT，0.14℃/s）；(f) 曲线 6 的金相组织（冷速 Ac_3-RT，0.017℃/s）

参 考 文 献

[1] 张世中. 钢的过冷奥氏体转变曲线图集 [M]. 北京：冶金工业出版社，1993.

[2] 张明奇. 热分析技术在金属材料研究中的应用 [J]. 材料开发与应用，1994, 9 (6)：36-40.

[3] 林慧国，傅代直. 钢的奥氏体转变曲线 [M]. 北京：机械工业出版社，1988.

[4] Oliveira F L G, Andrade M S, Cota A B. Kinetics of Austenite Formation during Continuous Heating in a Low Carbon Steel [J]. Materials Characterization, 2007, 58 (3)：256-261.

[5] Garcia C, Alvarez L F, Carsi M. Effects of Heat Treatment Parameters on Non-equilibrium Transformations and Properties of X45Cr13 and X60Cr14MoV Martensitic Stainless Steels [J]. Welding International, 1992, 6 (8)：612-621.

[6] Reed R C, Akbay T, Shen Z, et al. Determination of Reaustenitisation Kinetics in a Fe-0.4C Steel using Dilatometry and Neutron Diffraction [J]. Materials Science and Engineering, 1998, 256 (1/2)：152-165.

[7] Speich G R, Szirmae A, Richards M J. Formation of Austenite from Ferrite and Ferrite-Carbide Aggregates [J]. Transactions of the Metallurgical Society of Aime, 1969, 246 (5)：1062-1074.

[8] Garcia de Andres C, Caballero F G, Capdevila C. Dilatometric Characterization of pearlite Dissolution in 0.1C-0.5Mn Low Carbon Low Manganese Steel [J]. Scripta Materialia, 1998, 38 (12)：1835-1842.

[9] Avrami M. Kinetics of Phase Change. Ⅲ. Granulation, Phase Change and Micro-Structure [J]. Journal of Chemical Physics, 1941, 9 (2)：177-184.

[10] Cahn J W. Kinetics of Grain Boundary Nucleated Reactions [J]. Acta Metallurgica, 1956, 4 (5)：449-459.

[11] Garcia de Andres C, Caballero F G, Capdevila C. Modelling of Kinetics and Dilatometric Behavior of Non-Isothermal Pearlite-to-austenite Transformation in an Eutectoid Steel [J]. Scripta Materialia, 1998, 39 (6)：791-796.

[12] Martin D S, Rivera-Diaz-del-Castillo P E J, Garcia-de-Andres C. In Situ Study of Austenite Formation by Dilatometry in a Low Carbon Microalloyed Steel [J]. Scripta Materialia, 2008, 58 (10)：926-929.

[13] Chae J Y, Jang J H, Zhang G H, et al. Dilatometric Analysis of Cementite Dissolution in Hypereutectoid Steels Containing Cr [J]. Scripta Materialia, 2011, 65 (3)：245-248.

[14] Caballero F G, Capdevila C, Garcia de Andres C. Kinetics and Dilatometric Behaviour of Non-isothermal Ferrite-to-austenite Transformation [J]. Materials Science and Technology, 2001, 17 (9)：1114-1118.

[15] Caballero F G, Capdevila C, Garcia de andres C. Modelling of Kinetics of Austenite Formation in Steels with Different Initial Microstructures [J]. ISIJ International, 2001, 41 (10)：1093-1102.

[16] Jose Britti Bacalhau, Conrado Ramos Moreira Afonso. Effect of Ni addition on bainite

microstructure of low-carbon special bar quality steels and its influence on CCT diagrams [J]. Journal of Materials Research and Technology, 2021, 15: 1266-1283.

[17] 魏伟, 单以银, 杨柯, 等. 添加 Mo-B 对超高强度管线钢相变组织的影响 [J]. 金属学报, 2007, 43 (9): 943-948.

[18] Lee S, Na H, Kim B, et al. Effect of Niobium on the Ferrite Continuous-Cooling Transformation (CCT) Curve of Ultrahigh-Thickness Cr-Mo Steel [J]. Metallurgical and Materials Transactions A, 2013, 44A (6): 2523-2532.

[19] Lee S H, Na H S, Park G D, et al. Effects of Titanium on Ferrite Continuous Cooling Transformation Curves of High-Thickness Cr-Mo Steels [J]. Metals and Materials International, 2013, 19 (5): 907-915.

[20] Hanamura T, Torizuka S, Tamura S, et al. Effect of Austenite Grain Size on Transformation Behavior, Microstructure and Mechanical Properties of 0.1C-5Mn Martensitic Steel [J]. ISIJ International, 2013, 53 (12): 2218-2225.

[21] Nazmul Huda, Abdelbaset Midawi, James A Gianetto, et al. Continuous cooling transformation behaviour and toughness of heat-affected zones in an X80 line pipe steel [J]. Journal of Materials Research and Technology, 2021, 12: 613-618.

[22] Wu K M, Bhadeshia H K D H. Extremely fine pearlite by continuous cooling transformation [J]. Scripta Materialia, 2012, 67 (1): 53-56.

[23] Wu Q S, Zheng S H, Huang Q Y, et al. Continuous Cooling Transformation Behaviors of CLAM Steel [J]. Journal of Nuclear Materials, 2013, 442 (1/2/3): S67-S70.

[24] Zhang Y Q, Zhang H Q, Liu W M, et al. Effects of Nb on Microstructure and Continuous Cooling Transformation of Coarse Grain Heat Affected Zone in 610MPa Class High Strength Low Alloy Structural Steels [J]. Materials Science and Engineering A, 2009, 499 (1/2): 182-186.

[25] Shome M, Mohanty O N. Continuous Cooling Transformation Diagrams Applicable to the Heat-Affected Zone of HSLA-80 and HSLA-100 Steels [J]. Metallurgical and Materials Transactions A, 2006, 37 (7): 2159-2169.

[26] Yuan X Q, Liu Z Y, Jiao S H, et al. Effects of Nano Precipitates in Austenite on Ferrite Transformation Start Temperature during Continuous Cooling in Nb-Ti Micro-alloyed Steels [J]. ISIJ International, 2007, 47 (11): 1658-1665.

[27] 何仙灵, 杨庚蔚, 毛新平, 等. Nb 对 Ti-Mo 微合金钢连续冷却相变规律及组织性能的影响 [J]. 金属学报, 2017, 5 (6): 648-656.

[28] Chen J, Li F, Liu Z Y, et al. Influence of Deformation Temperature on γ-α Phase Transformation in Nb-Ti Microalloyed Steel during Continuous Cooling [J]. ISIJ International, 2013, 53 (6): 1070-1075.

[29] 王秉新, 周存龙, 刘相华, 等. 变形条件对 Mn-Cr 齿轮钢连续冷却相变的影响 [J]. 金属学报, 2005, 41 (5): 511-516.

[30] Liu Y C, Wang D J, Sommer F, et al. Isothermal Austenite-Ferrite Transformation of Fe-0.04 at.% C Alloy: Dilatometric Measurement and Kinetic Analysis [J]. Acta Materialia, 2008,

56（15）：3833-3842.

［31］ Silva E P D, Xu W, Föjer C, et al. Phase Transformations during the Decomposition of Austenite below Ms in a Low-Carbon Steel ［J］. Materials Characterization, 2014, 95：85-93.

［32］ Dong H K, John G S, Han S , et al. Observation of an Isothermal Transformation during Quenching and Partitioning Processing ［J］. Metallurgical and Materials Transactions A, 2009, 40（9）：2048-2060.

［33］ Jiali Zhao, Bo Lv, Fucheng Zhang, et al. Effects of austempering temperature on bainitic microstructure and mechanical properties of a high-C high-Si steel ［J］. Materials Science and Engineering A, 2019, 742（10）：179-189.

［34］ Wang X L, Wu K M, Hu F, et al. Multi-Step Isothermal Bainitic Transformation in Medium-Carbon Steel ［J］. Scripta Materialia, 2014, 74（10）：56-59.

［35］ 中华人民共和国工业和信息化部. 中华人民共和国黑色冶金行业标准. YB/T 5128—2018 钢的连续冷却转变曲线测定 膨胀法 ［S］. 北京：冶金工业出版社, 2019.